CAITU XIANGJIE
DIANGONG SHITU JIQIAO

彩图详解

电工识图

技巧

张玉　孙雅欣　主编

U0247609

中国电力出版社
CHINA ELECTRIC POWER PRESS

内 容 提 要

本书采用全彩图解的方式，讲解了电工常见经典电路的识读方法与技巧。每个电路均详细分析了电路结构特点，清晰展示了电路控制过程。本书最大限度地考虑初学者的学习特点，采用大量实物图、电路图解析，并辅以专家提示，便于初学者全面理解和快速记忆。

本书内容包括电工识图的必备基础知识，以及低压电器和高压电器、电动机全压启动控制电路、电动机正反转启动控制电路、电动机降压启动电路、电动机制动控制电路、电动机保护和节能电路、直流电动机控制电路、PLC控制电路、常见机床控制电路、变频器控制电路、软启动控制电路、照明电路的识读技巧。

本书可供电工、电气技术人员、工厂及农村电工以及电气爱好者阅读，也可作为再就业培训、高职高专、中等教育及维修培训班作为教材使用。

图书在版编目（CIP）数据

彩图详解电工识图技巧 / 张玉，孙雅欣主编 . —北京：中国电力出版社，2019.8
ISBN 978-7-5198-3321-3

Ⅰ . ①彩… Ⅱ . ①张… ②孙… Ⅲ . ①电路图 – 识图 – 图解 Ⅳ . ① TM13–64

中国版本图书馆 CIP 数据核字（2019）第 125105 号

出版发行：中国电力出版社
地　　址：北京市东城区北京站西街 19 号（邮政编码 100005）
网　　址：http：//www.cepp.sgcc.com.cn
责任编辑：杨　扬（y–y@sgcc.com.cn）
责任校对：黄　蓓　马　宁
装帧设计：王红柳
责任印制：杨晓东

印　　刷：三河市航远印刷有限公司
版　　次：2019 年 8 月第一版
印　　次：2019 年 8 月北京第一次印刷
开　　本：787 毫米 ×1092 毫米　16 开本
印　　张：14.5
字　　数：342 千字
印　　数：0001–3000 册
定　　价：69.00 元

前 言
PREFACE

对电工电子技术人员和初学者来说，看懂电路图是一项必备技能。电路图识读、接线布线技巧以及各项基础维修，是电工从业人员需掌握的重要基础技能。

本书根据作者多年的工作实践经验编写，收集了常见电动机全压启动控制电路、电动机正反转启动控制电路、电动机降压启动电路、电动机制动控制电路、电动机保护和节能电路、直流电动机控制电路、PLC控制电路、变频器控制电路、软启动控制电路、常见机床控制电路、照明电路的识读技巧。

本书注重如何使初学者能够快速地理解和掌握书中的内容，即更加注重书的易读性和可读性。故在编写过程中，力求突出"图解""技巧"两大特色。本书的特点如下：

1. 内容丰富，技术全面

本书分13章，介绍了电工电路的识读方法，同时对常见电工电路的结构特点和控制过程进行了详细地分析，易学易懂，内容全面、丰富，操作性强。

2. 全部图解，轻松掌握

本书突破传统图书的编排和表述方式，采用全彩图解的方式向学习者演示电工识图的知识技能，将传统意义上的以"读"为主变成以"看"为主，力求用生动的图例演示取代枯燥的文字叙述，使学习者通过仿真图、数码照片、示意图、电路图等，将维修过程中难以用文字表述的知识内容、结构特点和实际检测方法等生动地展示出来，真正达到"以图代解"和"以解说图"的效果。

本书由张玉、孙雅欣主编，参加编写的还有李艳丽、王佳、薛秀云、谭连枝、张旭、孙兰、马亮亮、马娟、冯志刚、孙会敏、李换、石超、薛巧、杨易峰、刘彦楠、冯丹丹等。本书可供电气技术人员、电气工人、维修电工人员、工厂及农村电工以及电气爱好者阅读，也可作为再就业培训、高职高专和中等教育以及维修短训班教材使用。

由于作者水平有限，书中难免出现遗漏和不足之处，恳请业界同仁及读者朋友提出宝贵意见和真诚的批评。

编者

目 录
CONTENT

第**1**章
电工识图的必备基础知识

第1节　常用电气图形符号和文字符号

1　电子元器件

　　电子元器件是电路的基础，不同电路所用电子元器件的种类有所不同，故掌握常用电气图形符号和文字符号对看懂电气图特别重要。电子元器件在电路中的位置，如图1-1所示。

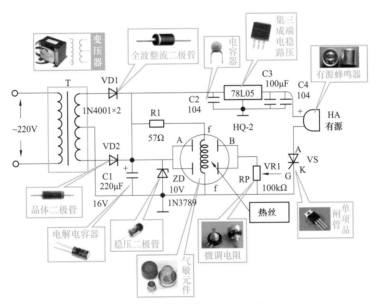

图 1-1　电子元器件在电路中的位置

电子元器件的常用电气图形符号和文字符号见表 1-1。

表 1-1　　　　　　　　　　　　　　**电子元器件的常用电气图形符号和文字符号**

名称	图形符号和文字符号			
电阻器	R 普通电阻器	R 熔断电阻器	R 绕线电阻器	光敏电阻器
	MS 湿敏电阻器	RT θ 热敏电阻器	U 压敏电阻器	MQ 光敏电阻器

续表

名称	图形符号和文字符号			
电容器	普通电容器	电解电容器	微调电容器	双联电容器
电感器	空芯可调电感器	磁芯电感器	铁芯电感器	带抽头电感器
二极管	普通二极管	整流桥	稳压二极管	发光二极管
三极管	NPN型三极管	PNP型三极管	NPN型达林顿管	PNP型达林顿管
晶闸管	阴极受控 阳极受控 单向晶闸管		双向晶闸管	可关断晶闸管
场效应管	N沟道 P沟道 结型场效应管		增强型N沟道 增强型P沟道 绝缘栅型场效应管	

2 低压电器

低压电器是一种能根据外界的信号和要求，手动或自动地接通、断开电路，以实现对电路或非电对象的切换、控制、保护、检测、变换和调节的元件或设备。控制电器按其工作电压的高低，以交流1200V、直流1500V为界，可划分为高压控制电器和低压控制电器两大类。总的来说，低压电器可以分为配电电器和控制电器两大类，是成套电气设备的基本组成元件。在工业、农业、交通、国防以及人们用电部门中，大多数采用低压供电，因此电器元件的质量将直接影响到低压供电系统的可靠性。低压电器在电路中的位置如图1-2所示。

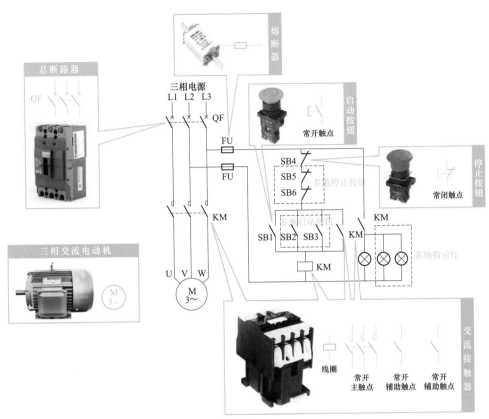

图 1-2 低压电器在电路中的位置

低压电器常用电气图形符号和文字符号见表 1-2。

表 1-2	低压电器常用电气图形符号和文字符号
名称	图形符号
按钮	SB 动合按钮　　SB 动断按钮　　SB 复合按钮　　SB 急停按钮
开关	SA 或 单极控制开关　　SA 手动开关　　QS 三极控制开关　　QS 三极负荷开关 QS 组合旋钮开关　　QF 低压断路器　　QS 三极隔离开关

名称	图形符号
接触器	KM 动合辅助触点　KM 动断辅助触点　KM 动合主触点　KM 线圈 KM1　KM1-1　KM1-2　直流接触器的图形符号 KM1　KM1-1　KM1-2　KM1-3 交流接触器的图形符号
热继电器	KA 热元件　动断触点　FR FR-1　FR FR 热继电器的图形符号
中间继电器	KA 动断触点　KA 动合触点　KA 线圈　KA KA-1 或 KA KA-1 中间继电器的图形符号
过电流继电器	动合触点　动断触点　$I>$ 过电流线圈　$I>$ KA KA-1 或 $I>$ KA KA-1 过电流继电器的图形符号
欠电流继电器	动合触点　动断触点　$I<$ 欠电流线圈　$I<$ KA KA-1 或 $I<$ KA KA-1 欠电流继电器的图形符号
过电压继电器	动合触点　动断触点　$U>$ 过电流线圈　$I>$ KA KA-1 或 $I>$ KA KA-1 过电压继电器的图形符号
欠电压继电器	动合触点　动断触点　$U<$ 欠电压线圈　$U<$ KV KV-1 或 $U<$ KV KV-1 欠电压继电器的图形符号

名称	图形符号
时间继电器	瞬间闭合的动合触点　瞬间断开的动断触点　延时断开的动合触点 或　延时闭合的动合触点 或 延时闭合的动断触点 或　延时断开的动断触点 或　通断延时吸合线圈　通断延时缓放线圈 KT1　KT1-1　KT1-2　KT1　KT1-1　KT1-2 时间继电器的图形符号
速度继电器	n KS-1 动断触点　　n KS-1 动合触点
压力继电器	p KP-2 动断触点　　p KP-1 动断触点
电动机	M 直线电动机　M 步进电动机　M 3～ 三相笼型异步电动机　M 他励直流电动机 M 串励直流电动机　M 并励直流电动机　M 3～ 三相绕线转子异步电动机

3　高压电器

　　高压电器是在高压线路中用来实现关合、开断、保护、控制、调节、量测的设备。一般的高压电器包括开关电器、量测电器和限流、限压电器。

　　高压变电所配电电路的作用是将 35kV 的电压进行传输并转换为 10kV 电压，再进行分配和传输的路线。了解掌握高压电器在电路中的图形符号和文字符号十分重要。高压电器在电路中的位置如图 1-3 所示。

　　高压电器常用电气图形符号和文字符号如表 1-3 所示。

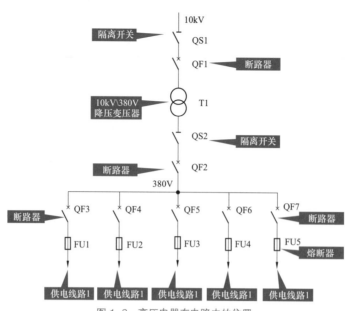

图 1-3 高压电器在电路中的位置

表 1-3	高压电器常用电气图形符号和文字符号
名称	图形符号
发电厂和变电站	规划的 发电厂　运行的　运行的　规划(设计)的 热电站 运行的　规划(设计)的 变电站、配电站　运行的　规划(设计)的 水力发电厂 运行的　运行的 火力发电厂　运行的　规划(设计)的 核能发电厂
高压电器	TM 电力变压器　QF 断路器　QS 高压隔离开关　QT 负荷开关 熔断器式 隔离开关　FU 熔断器式开关 (跌落式熔断器)　QR 漏电流断路器　L 电抗器 TA 电流互感器　TV 电压互感器　F 避雷器　FU 普通高压 熔断器

第 2 节　电路图的识读技巧

电气系统的电路图可分为系统图、电路图、接线图、电气平面图等。

4　系统图的识读技巧

系统图简称框图，是用符号或带注释的框概况表述系统或分系统的基本组成、相互关系及其主要特征的一种简图。普通系统图如图 1-4 所示。

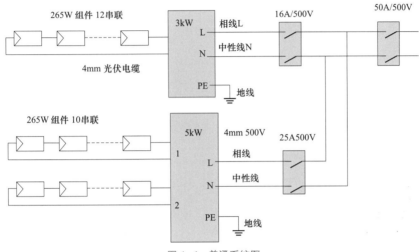

图 1-4　普通系统图

5　电路图的识读技巧

电路图是电气原理图的简称，是用来表明设备电气的工作原理及各电器元件的作用，相互之间的关系的一种表示方式。运用电气原理图的方法和技巧，对于分析电气线路，排除电路故障是十分有益的。两台电动机先后启动、同时停止的控制电气原理图，如图 1-5 所示（该图表示系统的供电和控制的关系）。

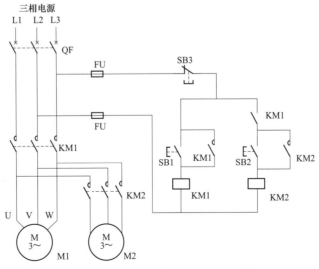

图 1-5　两台电动机先后启动、同时停止的控制电气原理图

6 接线图的识读技巧

接线图是电路的一个简化传统图形。它将电路的组件简化为形状，以及器件之间的功率和信号连接。

接线图通常会提供有关设备上设备和终端的相对位置和布局的信息，以帮助构建或维修设备。这不同于示意图，其中图上的组件互连的布置通常不与组件在成品设备中的物理位置相对应。灯控制回路接线图如图 1-6 所示。

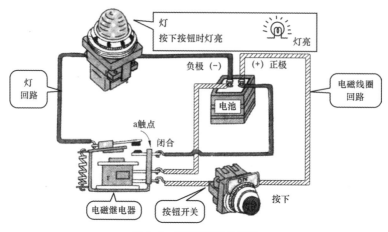

图 1-6 灯控制回路接线图

7 位置图的识读技巧

位置图也叫布置图，是指用正投影法绘制的图。位置图是表示成套装置和设备中各个项目的布局、安装位置的图。传送分拣设备俯瞰图就是位置图，如图 1-7 所示。

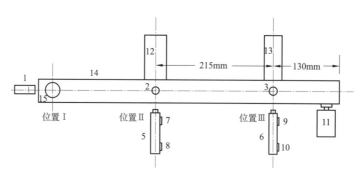

图 1-7 传送分拣设备俯瞰图
1—光电传感器；2—电感式接近开关；3—电容式接近开关；5、6—气缸；7、8、9、
10—磁性开关；11—交流异步电动机；12、13—出口溜槽；14—传送带；15—下料孔

第2章
低压电器和高压电器的识读技巧

第1节　开关的识读技巧

开关可以开启和关闭。也可以使电路开路、使电流中断或使其流到其他电路。触点的"闭合"表示电子触点导通,允许电流流过;开关的"开路"表示电子触点不导通形成开路,不允许电流流过。常见的开关有照明开关、按钮开关、闸刀开关、铁壳开关、组合开关、行程开关、接近开关等。

1　照明开关

照明开关是用来隔离电源或按规定能在电路中接通或断开电流或改变电路接法的一种装置。常见的照明开关如图 2-1 所示。

图 2-1　常见的照明开关

2　按钮开关

（1）按钮开关的作用。按钮开关是指利用按钮推动传动机构,使动触点与静触点接通或断开而实现电路换接。按钮开关是一种结构简单,应用十分广泛的主令电器。在电气自动控制电路中,用于手动发出控制信号以控制接触器、继电器、电磁起动器等。

按钮开关是一种按下即动作,释放即复位的用来接通和分断小电流电路的电器。一般用于交直流电压440V以下,电流小于5A的控制电路中,一般不直接操纵主电路,也可以用于互联电路中。

（2）按钮开关的颜色。在实际的使用中,为了防止误操作,通常在按钮上做出不同的标记或涂以不同的颜色加以区分,其颜色有红、黄、蓝、白、黑、绿等。一般红色表示"停止"或"危险"情况下的操作;绿色表示"启动"或"接通"。急停按钮必须用红色蘑菇头按钮。按钮必须有金属的防护挡圈,且挡圈要高于按钮帽防止意外触动按钮而产生误动作。安装按钮的按钮板和按钮盒的材料必须是金属的并与机械的总接地母线相连。

（3）按钮开关的外形。常见的按钮开关如图 2-2 所示。

图 2-2　常见的按钮开关

（4）按钮开关的结构原理。按钮开关一般有三种形式，即动断按钮开关、动合按钮开关和复合按钮开关。其三种内部结构和电路图形符号如图 2-3 所示。

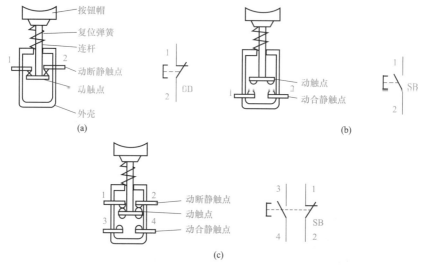

图 2-3　三种内部结构和电路图形符号
(a) 动断按钮开关；(b) 动合按钮开关；(c) 复合按钮开关

图 2-3（a）是动断按钮开关。当未按下按钮时，其内部金属动触点在复位弹簧的作用而动触点与动断静触点 1、2 处于接通状态。当按下按钮时，其内部金属动触点克服复位弹簧的作用而动触点与动断静触点 1、2 处于断开状态。当手松开按钮后，触点自动复位而处于接通状态。

图 2-3（b）是动合按钮开关。当未按下按钮时，其内部金属动触点在复位弹簧的作用下而动触点与动合静触点 1、2 处于断开状态。当按下按钮时，其内部金属动触点克服复位弹簧的作用而动触点与动断静触点 1、2 处于接通状态。当手松开按钮后，触点自动复位而处于断开状态。

图 2-3（c）是复合按钮开关。当未按下按钮时，其内部金属动触点与动断静触点 1、2 处于接通状态。当按下按钮时，其内部金属动触点与动合静触点 3、4 处于接通状态，金属动触点与动断静触点 1、2 处于断开状态。当手松开按钮后，金属动触点自动复位，即动断触点闭合，动合触点断开。

3　闸刀开关

闸刀开关又名刀开关、闸刀，一般用于不需经常切断与闭合的交、直流低压（不大于 500V）电路，在额定电压下其工作电流不能超过额定值。在机床上，刀开关主要用做电源开关，它一般不用来接通或切断电动机的工作电流。

刀开关分单极、双极和三极，常用的三极刀开关长期允许通过电流有 100、200、400、600、1000A 五种。目前生产的产品型号有 HD（单投）和 HS（双投）等系列。

闸刀开关的外形、结构和电路图形符号如图 2-4 所示。

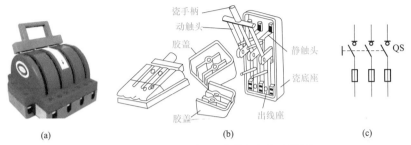

图 2-4　闸刀开关的外形、结构和电路图形符号
(a) 外形；(b) 内部结构；(c) 电路图形符号

专家提示

　　闸刀开关通常接有熔断器。其安装方式是垂直方向，出线在下方，进线在上方，进、出线不得接反。闸刀开关的安装方式如图 2-5 所示。

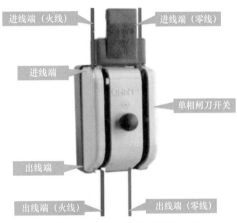

图 2-5　闸刀开关的安装方式

4　铁壳开关

　　铁壳开关又叫封闭式负荷开关，简称负荷开关。它是一种手动操作的开关电器，主要由闸刀、熔断器和铁制外壳组成。铁壳开关的铁盖上有机械联锁装置，能保证合闸时打不开盖，而开盖时合不上闸，可防止电弧伤人，所以使用中较安全。铁壳开关可以控制 22kW 以下的三相电动机。铁壳开关的额定电流按电动机的额定电流 3 倍选用。

　　铁壳开关的外形如图 2-6 所示，其结构和电路图形符号如图 2-7 所示。

图 2-6　铁壳开关的外形

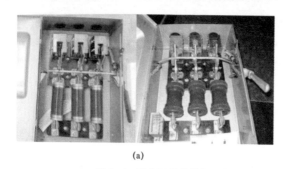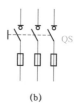

(a)

(b)

图 2-7 铁壳开关的结构和电路图形符号
(a) 结构；(b) 电路图形符号

5 组合开关

组合开关由动触点（动触片）、静触点（静触片）、转轴、手柄、定位机构及外壳等部分组成。其动触点、静触点分别叠装于数层绝缘垫板之间，各自附有连接线路的接线柱。当转动手柄时，每层的动触点随方形转轴一起转动，从而实现对电路的接通、断开控制。

在组合开关的内部有 3 对静触点，分别用 3 层绝缘板相隔，各自附有连接线路的接线桩，3 个动触点互相绝缘，与各自的静触点对应，套在共同的绝缘杆上，绝缘杆的一端装有操作手柄，手柄每次转动 90°，即可完成 3 组触点之间的开合或切换。开关内装有速断弹簧，用以加速开关的分断速度。

组合开关的外形、结构和电路图形符号如图 2-8 所示。

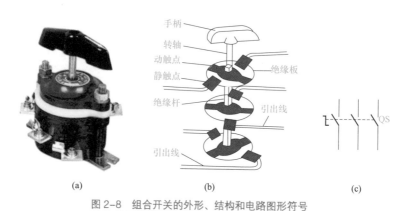

(a)

(b)

(c)

图 2-8 组合开关的外形、结构和电路图形符号
(a) 外形；(b) 结构；(c) 电路图形符号

6 倒顺开关

（1）倒顺开关的外形、结构和电路图形符号。倒顺开关也叫顺逆开关。它的作用是连通、断开电源或负荷，可以使电机正转或反转，主要是给单相、三相电动机做正反转用的电气元件，但不能作为自动化元件。

倒顺开关的外形、结构和电路图形符号如图 2-9 所示。

（2）倒顺开关的接线。三相电源提供一个旋转磁场，使三相电机转动，因电源三相的接法不同，磁场可顺时针或逆时针旋转，为改变转向，只需要将电动机电源的任意两相相序进行改变即可完成。

  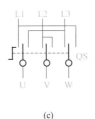

(a)　　　　　　　　　　(b)　　　　　　　　　　(c)

图 2-9　倒顺开关的外形、结构和电路图形符号
(a) 外形；(b) 结构；(c) 电路图形符号

如原来的相序是 A、B、C，只需改变为 A、C、B 或 C、B、A。一般的倒顺开关有两排六个端子，调相通过中间触头换向接触，达到换相目的。以三相电动机倒顺开关为例：设进线 A、B、C 三相，出线也是 A-B-C，因 ABC 三相是各相隔 120°，连接成一个圆周，设这个圆周上的 A、B、C 是顺时针的，连接到电动机后，电动机为顺时针旋转。

如在开关内将 B、C 切换一下，A 照旧不动，使开关的出线成了 A-C-B，那这个圆周上的 ABC 排列就成了逆时针的，连接到电动机后，电动机也为逆时针旋转，这个切换开关就是倒顺开关。

1）如将它的把手往左扳，出线是 A-B-C；

2）如将它的把手扳到中间，A-B-C 全部断开，处于关的状态；

3）如将它的把手往右扳，出线是 A-C-B，电动机的转动方向就与往左扳时相反。

倒顺开关的接线如图 2-10 所示。

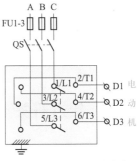

图 2-10　倒顺开关的接线

7　行程开关

行程开关是位置开关（又称限位开关）的一种，是一种常用的小电流主令电器。利用生产机械运动部件的碰撞使其触头动作来实现接通或分断控制电路，达到一定的控制目的。通常，这类开关被用来限制机械运动的位置或行程，使运动机械按一定位置或行程自动停止、反向运动、变速运动或自动往返运动等。

行程开关通常情况下，按结构可分为直动式行程开关、旋转式行程开关、微动式行程开关和组合式行程开关等。

常见行程开关的外形如图 2-11 所示。

图 2-11　常见行程开关的外形

13

直动式行程开关的结构和电路图形符号如图 2-12 所示。

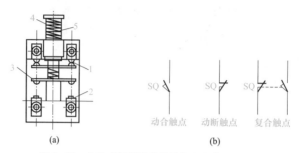

图 2-12 直动式行程开关的结构和电路图形符号
(a) 行程开关的结构；(b) 行程开关的电路形符号
1—动断触头；2—动合触头；3—触桥；4—复位弹簧；5—推杆

图 2-12（a）是复合触点式行程开关的结构图，与复合按钮开关基本相似。当机械部件运动到行程开关时，其内部金属触桥与动合静触头处于接通状态，此时金属触桥与动断触头处于断开状态。当机械部件离开行程开关时，金属动触桥自动复位，即动断触头闭合，动合触头断开。

8 接近开关

接近开关是一种无须与运动部件进行机械直接接触而可以操作的位置开关，当物体接近开关的感应面到动作距离时，不需要机械接触及施加任何压力即可使开关动作，从而驱动直流电器或给计算机装置提供控制指令。接近开关是种开关型传感器（即无触点开关），它既有行程开关、微动开关的特性，同时具有传感性能，且动作可靠，性能稳定，频率响应快，应用寿命长，抗干扰能力强等、并具有防水、防震、耐腐蚀等特点。产品有电感式、电容式、霍尔式、交流型、直流型。

接近开关的外形和电路图形符号如图 2-13 所示。

图 2-13 接近开关的外形和电路图形符号
(a) 接近开关的外行；(b) 接近开关电路图形符号

第 2 节 低压熔断器的识读技巧

熔断器是指当电流超过规定值时，以本身产生的热量使熔体熔断，断开电路的一种电器。熔断器是根据电流超过规定值一段时间后，以其自身产生的热量使熔体熔化，从而使电路断开；运用这种原理制成的一种电流保护器。熔断器广泛应用于高低压配电系统和控制系统以及用电设备中，作为短路和过电流的保护器，是应用最普遍的保护器件之一。

常用的低压熔断器有陶瓷插入式（RC1A 系列）、密闭管式（RM10 系列）、螺旋式（RL7 系列）、填充料式（RT20 系列）等多种类型。瓷插式灭弧能力差，只适用于故障电流较小的线路末端使用。其他几种类型的熔断器均有灭弧措施，分断电流能力比较强，密闭管式结构简单，螺旋式更换熔管时比较安全，填充料式的断流能力更强。

9 瓷插入式熔断器

瓷插入式熔断器常用于 380V 及以下电压等级的线路末端，作为配电支线或电气设备的短路保护用。瓷插入式熔断器的外形如图 2-14 所示。

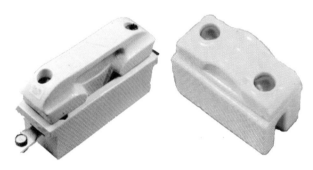

图 2-14　瓷插入式熔断器的外形

陶瓷插入式（RC1A 系列）主要由瓷盖、瓷座、动触点、静触点和熔丝等组成。具有结构简单、价格低廉、更换方便等特点，使用时将瓷盖插入瓷座，拔下瓷盖便可更换熔丝，其结构如图 2-15 所示。

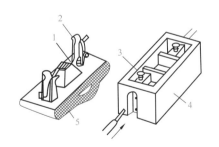

图 2-15　陶瓷插入式（RC1A 系列）的结构
1—熔丝；2—动触点；3—静触点；4—瓷座；5—瓷盖

10 螺旋式熔断器

熔断器上的上端盖有一熔断指示器，一旦熔体熔断，指示器马上弹出，可透过瓷帽上的玻璃孔观察到，它常用于机床电气控制设备中。螺旋式熔断器由瓷套、瓷帽、熔断管和接线端子等组成。螺旋式熔断器分断电流较大，可用于电压等级 500V 及其以下、电流等级 200A 以下的电路中，作短路保护。螺旋式熔断器的外形如图 2-16 所示。

图 2-16　螺旋式熔断器的外形

11　有填料封闭式熔断器

有填料封闭式熔断器一般用方形瓷管，内装石英砂及熔体，分断能力强，用于电压等级500V 以下、电流等级 1kA 以下的电路中。有填料封闭式熔断器的外形如图 2-17 所示。

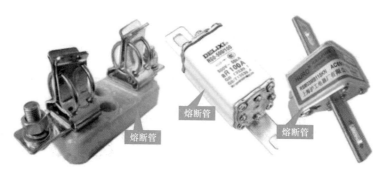

图 2-17　有填料封闭式熔断器

12　无填料密闭式熔断器

无填料密闭式熔断器将熔体装入密闭式圆筒中，分断能力稍小，用于 500V 以下，600A 以下电力网或配电设备中。无填料封闭式熔断器的外形如图 2-18 所示，其结构如图 2-19 所示。

图 2-18　无填料封闭式熔断器的外形

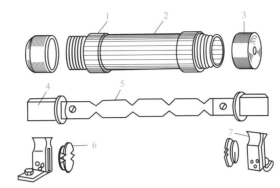

图 2-19　无填料封闭式熔断器
1—黄铜圈；2—纤维管；3—黄铜帽；4—刀型接触片；5—熔片；6—垫圈；7—刀座

13 快速熔断器

快速熔断器是一种熔断器的一种，快速熔断器主要用于半导体整流元件或整流装置的短路保护。由于半导体元件的过负荷能力很低。只能在极短时间内承受较大的过负荷电流，因此要求短路保护具有快速熔断的能力。快速熔断器的结构和有填料封闭式熔断器基本相同，但熔体材料和形状不同，它是以银片冲制的有 V 形深槽的变截面熔体。

快速熔断器的熔丝除了具有一定形状的金属丝外，还会在上面点上某种材质的焊点，其目的为了使熔丝在过负荷情况下迅速断开。

快速熔断器的外形，如图 2-20 所示。

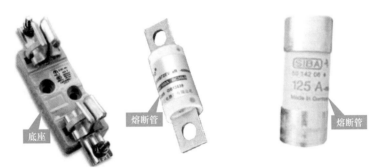

底座　　熔断管　　熔断管

图 2-20　快速熔断器的外形

第 3 节　断路器的识读技巧

14 断路器的功能

断路器是指能够关合、承载和开断正常回路条件下的电流并能在规定的时间内关合、承载和开断异常回路条件下的电流的开关装置。断路器按其使用范围分为高压断路器与低压断路器，高低压界线划分比较模糊，一般将 3kV 以上的称为高压电器。

断路器可用来分配电能，不频繁地启动异步电动机，对电源线路及电动机等实行保护，当它们发生严重的过负荷或者短路及欠电压等故障时能自动切断电路，其功能相当于熔断器式开关与过欠热继电器等的组合。而且在分断故障电流后一般不需要变更零部件。目前，已获得了广泛的应用。

15 断路器的结构原理

断路器一般由触头系统、灭弧系统、操动机构、脱扣器、外壳等构成。

当短路时，大电流（一般 10~12 倍）产生的磁场克服反力弹簧，脱扣器拉动操作机构动作，开关瞬时跳闸。当过负荷时，电流变大，发热量加剧，双金属片变形到一定程度推动机构动作（电流越大，动作时间越短）。

有电子型的，使用互感器采集各相电流大小，与设定值比较，当电流异常时微处理器发出信号，使电子脱扣器带动操动机构动作。

断路器的作用是切断和接通负荷电路，以及切断故障电路，防止事故扩大，保证安全运行。而高压断路器要开断 1500V，电流为 1500~2000A 的电弧，这些电弧可拉长至 2m 仍然继续燃烧不熄灭。故灭弧是高压断路器必须解决的问题。

吹弧熄弧的原理主要是冷却电弧减弱热游离，另外通过吹弧拉长电弧加强带电粒子的复合和扩散，同时把弧隙中的带电粒子吹散，迅速恢复介质的绝缘强度。

低压断路器也称为自动空气开关，可用来接通和分断负荷电路，也可用来控制不频繁起动的电动机。它功能相当于闸刀开关、过电流继电器、失压继电器、热继电器及漏电保护器等电器部分或全部的功能总和，是低压配电网中一种重要的保护电器。

低压断路器具有多种保护功能（过负荷、短路、欠电压保护等）、动作值可调、分断能力高、操作方便、安全等优点，所以被广泛应用。结构和工作原理低压断路器由操作机构、触点、保护装置（各种脱扣器）、灭弧系统等组成。

低压断路器的主触点是靠手动操作或电动合闸的。主触点闭合后，自由脱扣机构将主触点锁在合闸位置上。过电流脱扣器的线圈和热脱扣器的热元件与主电路串联，欠电压脱扣器的线圈和电源并联。当电路发生短路或严重过负荷时，过电流脱扣器的衔铁吸合，使自由脱扣机构动作，主触点断开主电路。当电路过负荷时，热脱扣器的热元件发热使双金属片上弯曲，推动自由脱扣机构动作。当电路欠电压时，欠电压脱扣器的衔铁释放。也使自由脱扣机构动作。分励脱扣器则作为远距离控制用，在正常工作时，其线圈是断电的，在需要距离控制时，按下起动按钮，使线圈通电。

16 断路器的分类

根据结构形式，断路器可分为框架式断路器（万能式）和塑料外壳式断路器。

（1）框架式断路器。框架式断路器又称万能式断路器，是一种能接通、承载以及分断正常电路条件下的电流,也能在规定的非正常电路条件下接通、承载一定时间和分断电流的机械开关电器。万能式断路器用来分配电能和保护线路及电源设备的过负荷、欠电压、短路等。框架式断路器的外形如图 2-21 所示。

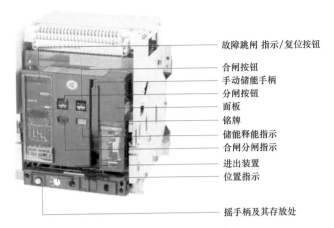

故障跳闸 指示/复位按钮
合闸按钮
手动储能手柄
分闸按钮
面板
铭牌
储能释能指示
合闸分闸指示
进出装置
位置指示
摇手柄及其存放处

图 2-21 框架式断路器的外形

（2）塑料外壳式断路器。塑料外壳式断路器（以下简称断路器）一般作配电用，亦可为保护电动机之用。在正常情况下，断路器可分别作为线路的不频繁转换及电动机的不频繁启动之用。

配电用断路器，在配电网络中用来分配电能且作为线路及电源设备的过负荷、短路和欠电压保护。

保护电动机用断路器，在配电网络中用作笼型电动机的起动和运转中分断及作为笼型电动机的过负荷，短路和欠电压保护。欠电压保护还需要加装分励脱扣器。

塑料外壳式断路器的外形如图 2-22 所示。

图 2-22 塑料外壳式断路器的外形

17 断路器的接线方式

断路器的接线方式有板前、板后、插入式、抽屉式，用户如无特殊要求，均按板前供货，板前接线是常见的接线方式。

（1）板后接线方式。板后接线最大特点是可以在更换或维修断路器，不必重新接线，只须将前级电源断开。由于该结构特殊，产品出厂时已按设计要求配置了专用安装板和安装螺钉及接线螺钉，需要特别注意的是由于大容量断路器接触的可靠性将直接影响断路器的正常使用，因此安装时必须引起重视，严格按制造厂要求进行安装。

（2）插入式接线。在成套装置的安装板上，先安装一个断路器的安装座，安装座上 6 个插头，断路器的连接板上有 6 个插座。安装座的面上有连接板或安装座后有螺钉，安装座预先接上电源线和负荷线。使用时，将断路器直接插进安装座。如果断路器坏了，只要拔出坏的，换上一只好的即可。它的更换时间比板前，板后接线要短，且方便。由于插、拔需要一定的人力。因此插入式产品，其壳架电流限制在最大为 400A。从而节省了维修和更换时间。插入式断路器在安装时应检查断路器的插头是否压紧，并应将断路器安全紧固，以减少接触电阻，提高可靠性。

（3）抽屉式接线。断路器的进出抽屉是由摇杆顺时针或逆时针转动的，在主回路和二次回路中均采用了插入式结构，省略了固定式所必需的隔离器，做到一机二用，提高了使用的经济性，同时给操作与维护带来了很大的方便，增加了安全性、可靠性。特别是抽屉座的主回路触刀座，可与 NT 型熔断路器触刀座通用。

第 4 节　漏电保护器的识读技巧

18　漏电保护器的特点

剩余电流动作保护器简称漏电保护器漏电开关，又叫漏电断路器，主要用于在设备发生漏电故障时以及对有致命危险的人身触电保护，具有过负荷和短路保护功能，可用来保护线路或电动机的过负荷和短路，亦可在正常情况下作为线路的不频繁转换启动之用。

19　漏电保护器的外形和电路图形符号

漏电保护器的外形和电路图形符号如图 2-23 所示。

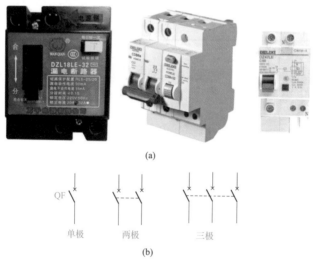

图 2-23　漏电保护器的外形和电路图形符号
（a）漏电保护器的外形；（b）漏电保护器的电路图形符号

20　断路器的分类

按其保护功能和用途分类，断路器一般可分为漏电保护继电器、漏电保护开关和漏电保护插座三种。

（1）漏电保护继电器。漏电保护继电器是指具有对漏电流检测和判断的功能，而不具有切断和接通主回路功能的漏电保护装置。漏电保护继电器由零序互感器、脱扣器和输出信号的辅助接点组成。它可与大电流的自动开关配合，作为低压电网的总保护或主干路的漏电、接地或绝缘监视保护。

（2）漏电保护开关。漏电保护开关是指不仅它与其他断路器一样可将主电路接通或断开，而且具有对漏电流检测和判断的功能，当主回路中发生漏电或绝缘破坏时，漏电保护开关可根据判断结果将主电路接通或断开的开关元件。它与熔断器、热继电器配合可构成功能完善的低压开关元件。

（3）漏电保护插座。漏电保护插座指具有对漏电电流检测和判断并能切断回路的电源插座。其额定电流一般为 20A 以下，漏电动作电流为 6 ~ 30mA，灵敏度较高，常用于手持式电动工具和移动式电气设备的保护及家庭、学校等民用场所。

第 5 节　继电器的识读技巧

继电器是一种电控制器件，是当输入量的变化达到规定要求时，在电气输出电路中使被控量发生预定的阶跃变化的一种电器。它具有控制系统（又称输入回路）和被控制系统（又称输出回路）之间的互动关系。通常应用于自动化的控制电路中，它实际上是用小电流去控制大电流运作的一种"自动开关"。故在电路中起着自动调节、安全保护、转换电路等作用。

按继电器的工作原理或结构特征可分为电磁继电器、固体继电器、温度继电器、舌簧继电器、时间继电器、高频继电器、极化继电器等。

21　电磁继电器

（1）电磁继电器的作用和外形。电磁继电器是最常用的继电器，它是依靠电磁线圈在通过直流或交流电流产生磁场吸引衔铁或动铁芯带动能点动作，实现电路的接通或断开。在电力拖动控制、保护及各类电器的遥控和通信中用途广泛。电磁继电器简称 MER，在电路用字母 K 或 KA 表示。电磁继电器的外形如图 2-24 所示。

图 2-24　电磁继电器的外形

（2）电磁继电器的电路图形符号。电磁继电器可分为动断型、动合型和转换型，其电路图形符号如表 2-1 所示。

表 2-1   电磁继电器的电路图形符号

线圈符号	触点符号		
KR	KR-1		动合触点，称 H 型
	KR-2		动断触点，称 D 型
	KR-3		转换触点（切换），称 Z 型
KR1	KR1-1	KR1-2	KR1-3
KR2	KR2-1	KR2-2	

（3）电磁继电器的原理。电磁继电器的工作原理如图 2-25 所示。

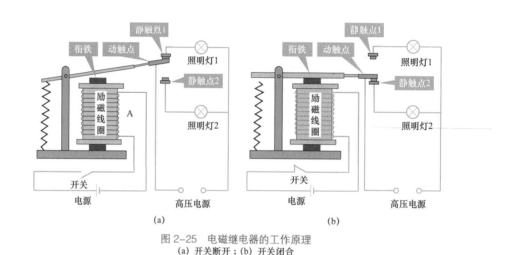

图 2-25   电磁继电器的工作原理
(a) 开关断开 ; (b) 开关闭合

开关没有接通时，励磁线圈因没有电流通过而没有产生磁场，衔铁靠复位弹簧的拉动作用向上翘起，动触点与静触点 1 处于接通状态，动触点与静触点 2 处于断开状态，此时照明灯 1 亮而照明灯 2 不亮。

开关接通后，励磁线圈有电流通过而产生磁场，衔铁的磁力吸引动触点而向下移动，此时动触点与静触点 2 处于接通状态，动触点与静触点 1 处于断开状态，此时照明灯 2 亮而照明灯 1 不亮。从而实现了低电压小电流控制高电压大电流电路的作用。

22 固态继电器

固态继电器（Solid State Relag，SSR）是利用半导体器件来代替传统机械运动部件作为接点的切换装置，是一种无触点开关器件，又称为固体继电器，是一种新型电子继电器。

（1）固态继电器的内部结构识读技巧。固态继电器主要由输入电路、光电耦合器、驱动放大电路、输出电路等组成，其内部结构和电路图形符号如图 2-26 所示。

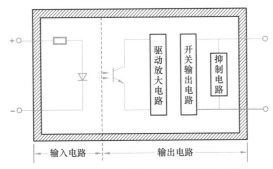

图 2-26　固态继电器的内部结构和图形符号

1）输入电路。输入电路是为固态继电器的触发信号提供回路，可分为交流输入和直流输入。

2）光电耦合器。光电耦合器由发光二极管、光敏三极管等组成，其作用是实现光—电转换。

3）驱动放大电路。驱动放大电路的功能电路包括检波整流、过零点检测、放大、加速、保护等，触发电路的作用是向输出器件提供触发信号。

4）开关输出电路和抑制电路。输出电路是在触发信号的驱动下，实现对负荷供电的通断控制。输出电路主要由输出器件和起瞬间抑制作用的吸收回路组成，有的还包括反馈电路。固体继电器的输出器件主要采用光敏二极管、晶闸管、MOS 场效应管等。

当在输入端加上合适的直流电压或脉动电压时，输出端连接的电路之间就会呈现导通状态；当输入端直流电压或脉冲消失后，输出端就会呈开路状态。

固态继电器具有工作可靠，寿命长，无噪声，无火花，无电磁干扰，开关速度快，抗干扰能力强，体积小，耐冲击，防爆，防腐蚀等优点，并且还可与 DTL、HTL 和 TTL 等逻辑电路兼容，实现以微弱小信号来控制高电压，大电流负荷的作用。但是也存在一些有一定通态压降、断态漏电流、交直流不通用、触点组数少、散热等问题，同时其过电流过电压和电压上升率、电流上升等性能较差。

（2）直流固态继电器的结构和电路图形符号识读技巧

1）直流固态继电器的外形。直流固态继电器的输入端接直流控制电路，输入端接直流负荷，直流固态继电器的外形如图 2-27 所示。

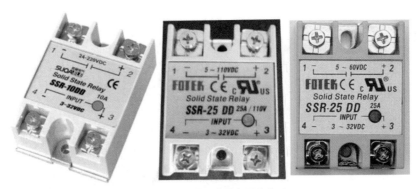

图 2-27　直流固态继电器的外形

2）直流固态继电器的电路结构。直流固态继电器的电路结构如图 2-28 所示。

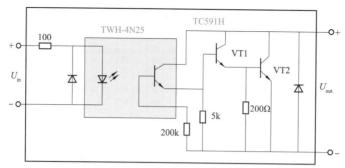

图 2-28　直流固态继电器的电路结构

3）直流固态继电器的等效电路。直流固态继电器的等效电路如图 2-29 所示。

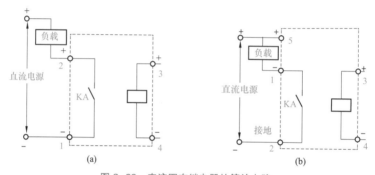

图 2-29　直流固态继电器的等效电路
(a) 四个引脚的直流固态继电器；(b) 五个引脚的直流固态继电器

（3）直流固态继电器引脚极性的识读技巧。固态继电器的类型和引脚极性可通过外表的标注的字符来识别。直流固态继电器的输入端标注内容一般含有 "+、-、DC、INPUT（或 IN）" 等字样。直流固态继电器的输出端一般标有 "+、-、DC" 等字样，其中，DC 表示直流。

23　交流固态继电器

交流固态继电器的输入端接直流控制电路，输入端接交流负荷，其外形如图 2-30 所示。

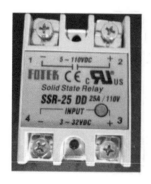

图 2-30　交流固态继电器的外形

交流固态继电器的内部电路结构和等效电路如图 2-31 所示。

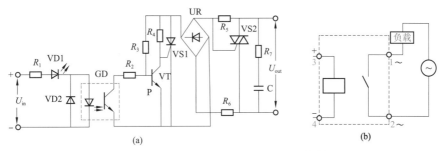

图 2-31　交流固态继电器的内部电路结构和等效电路
(a) 内部电路结构；(b) 等效电路

交流固态继电器的类型和引脚极性可通过外表的标注的字符来识别。交流固态继电器的输入端标注内容一般含有"+、–、DC、INPUT（或 IN）"等字样。交流固态继电器的输出端一般标有"∽、AC"等字样，其中，AC 表示交流。

24 热继电器

利用热效应而动作的继电器，一般作用为交流电动机的过负荷保护使用。热继电器包括温度继电器和电热式继电器，其中温度继电器则随外界温度升至标称值时而动作；电热式继电器则随电路中电流过大产生热量而导致机械变形动作。热继电器有两相结构、三相结构、三相带断相保护装置等三种类型。

（1）热继电器的结构。热继电器主要由热元件、触头、双金属片、弹簧等组成，如图 2-32 所示。

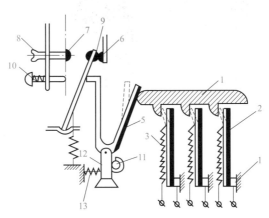

图 2-32　热继电器的内部结构
1—接线端子；2—主双金属片；3—热元件；4—推动导板；5—补偿双金属片；6—动断触点；
7—动合触点；8—复位调节螺钉；9—动触点；10—复位按钮；11—偏心轮；12—支撑件；13—弹簧

（2）热继电器的工作原理。主触头通常有两极或三极之分，串接在电动机的供电电路中，当电动机的工作电流平衡或不过负荷时，通过电阻丝和主双金属片的电流在安全范围内，发热量较少，主双金属片保持平直状态，导板所补偿双金属片的推力作用向右靠近主双金属片，动触点与动断触点保持接触，使得公共接线端与动断接线端之间导通。

当电动机过负荷或缺相运行造成局部绕组电流过大，过负荷电流通过热继电器的电阻与主双金属片组成的发热元件产生高温促使双金属片下端朝左弯曲，通过导板推动补偿双金属片绕活动轴转动，使推杆推动 U 形弹片上端朝右侧活动，下端弹动动触片朝左弹动，使动触点与动断触点脱离与动合触点接触，使得公共接线端与动断接线端断开与动合接线端接通，使在电动机主回路中的交流接触器的线圈断电，主触头分离，电动机脱离电源受到保护。

专家提示

补偿双金属片能够根据环境温度变化自动调整开关的动作电流阀值。调整上面的电流调旋钮可以设定保护电流动作阀值。

（3）热继电器的类型。根据极数多少不同可以分为单极、两极和三极三种类型。单极热继电器只能对电动机供电中的其中一只供电进行过流检测，而当电动机局部电流过大时则无能为力；两极热继电器可以检测电动机的两路供电电流，这对于采用星形接法的电动机非常有效，而对于采用三角形接法电动机缺相运行时，不能完全实施检测保护；三极热继电器能同时对电动机三极供电电流同时实施检测保护，其电路符号如图 2-33 所示。

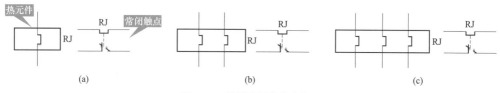

图 2-33　热继电器的电路符号
(a) 单极型；(b) 双极型；(c) 三极型

常用热继电器的外形如图 2-34 所示。

图 2-34　常用热继电器的外形
(a) 外形；(b) 结构

（4）热继电器的型号命名。国产热继电器的型号组成如图 2-35 所示。

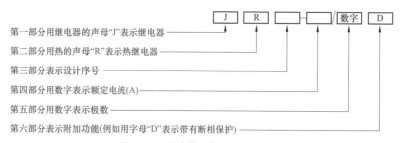

第一部分用继电器的声母"J"表示继电器
第二部分用热的声母"R"表示热继电器
第三部分表示设计序号
第四部分用数字表示额定电流(A)
第五部分用数字表示极数
第六部分表示附加功能(例如用字母"D"表示带有断相保护)

图 2-35　国产热继电器的型号组成

例如，型号为 JRO-20/3 的热继电器，其额定电流为 20A，3 极结构。

25 时间继电器

（1）时间继电器的特点和外形。时间继电器是电气控制系统中一个非常重要的元器件，在许多控制系统中，需要使用时间继电器来实现延时控制。时间继电器是一种利用电磁原理或机械动作原理来延迟触点闭合或分断的自动控制电器。其特点是，自吸引线圈得到信号起至触点动作中间有一段延时。时间继电器一般用于以时间为函数的电动机起动过程控制。常见时间继电器的外形如图 2-36 所示。常见时间继电器的识读如图 2-37 所示。

图 2-36　常见时间继电器的外形

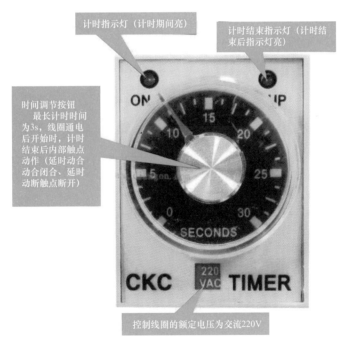

计时指示灯（计时期间亮）

计时结束指示灯（计时结束后指示灯亮）

时间调节按钮　最长计时时间为 3s，线圈通电后开始时，计时结束后内部触点动作（延时动合动合闭合、延时动断触点断开）

控制线圈的额定电压为交流 220V

图 2-37　常见时间继电器的识读

（2）时间继电器的类型。时间继电器的类型较多，主要有电磁式、空气阻尼式、电动式、晶体管式等类型，常见的有电子式、阻尼式和电动式时间继电器。

1）电磁式时间继电器。电磁式时间继电器主要由时间控制部分和电磁继电器组成。由时间控制部分对输入信号进行延时后由电磁继电器去执行通断动作。结构简单、价格较低，但延时时间短（0.3～0.6s），只适用于直流电路和断电延时场合，且体积和质量较大。

2）空气阻尼式时间继电器。主要是指其延时部分是利用气囊储存空气输入信号电流经线圈产生磁场吸引衔铁压迫气囊排出空气，通过不同节流的原理来获得一段时间延时后通过执行机构来接通或关断被控电路。结构简单、延时时间长（0.4 ～ 180s），可用于交流电路，但延时准确率较低。

3）电动式时间继电器。指其时间控制部分是由电动机带动计时机构而延时动作的时间继电器。具有延时精确度高，且延时时间长（几秒到几十小时），但价格较贵。例如中档洗衣机中的正反转延时开关。

4）机械式时间继电器。是指其时间控制部分是由机械表进行延时控制，动片适时关闭或断开的时间控制继电器。例如应用于台式落地电风扇的定时器，也叫定时开关。

5）电子式时间继电器。指时间延时控制部分由电子电路进行计时，可根据预定时间接通或分断电路。例如适用于电冰箱的时间控制器，具有接通时间调整及指示和分断时间调整及指示功能。

（3）时间继电器的电路符号。时间继电器的电路图形符号主要由线圈符号和触点两部分构成，如图 2-38 所示。

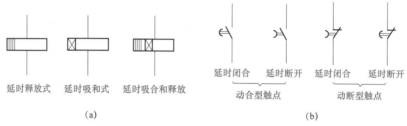

延时释放式　　延时吸和式　　延时吸合和释放

（a）

延时闭合　延时断开　　延时闭合　延时断开

动合型触点　　　　动断型触点

（b）

图 2-38　时间继电器的电路图形符号

(a) 线圈符号；(b) 触点符号

（4）时间继电器的型号命名。国产时间继电器的型号中各部分含义见图 2-39 所示。

| J | S | 数字 | 数字 | 字母 |

第一部分用字母"J"表示继电器

第二部分用字母"S"表示时间控制型

第三部分用数字小时设计序号

第四部分用数字表示延时范围，延时类型

第五部分用字母表示触点种类、数目或电源电压

图 2-39　时间继电器的型号命名

具体到各系列也有不同的含义。其中表示延时调节范围的数字含义见表 2-2。

表 2-2　　　　　　　　　　　　　　表示延时调节范围的数字含义

数字	1	2	3	4	5	6	7
延时调节范围	0.4 ～ 8s	2 ～ 40s	10 ～ 240s	1 ～ 20min	5 ～ 120min	0.5 ～ 12h	3 ～ 72h

26　速度继电器

（1）速度继电器的外形和电路图形符号。速度继电器通过对电动机的转速进行检测，经接触器对电动机进行速度控制，主要应用于机床电动机控制中。而作用于单相电动机中启动开关作用的继电器也属于速度继电器。速度继电器的外形和电路图形符号如图 2-40 所示。

图 2-40　速度继电器的外形和电路图形符号
(a) 外形；(b) 电路图形符号

（2）速度继电器的原理。速度继电器转子的轴与被控电动机的轴相连接，而定子套在转子上。当电动机转动时，速度继电器的转子随之转动，定子内的短路导体便切割磁场，产生感应电动势，从而产生电流。此电流与旋转的转子磁场作用产生转矩，于是定子开始转动。当转到一定角度时，装在定子轴上的摆锤推动簧片动作，使动断触点分断，动合触点闭合。当电动机转速低于某一值时，定子产生的转矩减小，触点在弹簧作用下复位。

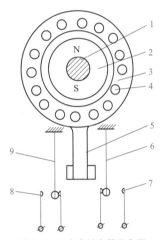

图 2-41　速度继电器示意图
1—转轴；2—转子；3—定子；4—绕组；
5—摆锤；6、9—簧片；7、8—静触点

常用的速度继电器有 YJ1 型和 JFZ0 型。通常速度继电器的动作转速为 120r/min，复位转速在 100r/min。

速度继电器示意图如图 2-41 所示。

27　压力继电器

压力继电器是利用液体的压力来启闭电气触点的液压电气转换元件。当系统压力达到压力继电器的调定值时，发出电信号，使电气元件（如电磁铁、电动机、时间继电器、电磁离合器等）动作，使油路卸压、换向，执行元件实现顺序动作，或关闭电动机使系统停止工作，起安全保护作用等。

压力继电器的外形和电路图形符号如图 2-42 所示。

图 2-42　压力继电器的外形和电路图形符号
(a) 外形；(b) 电路图形符号

28 中间继电器

中间继电器用于继电保护与自动控制系统中，以增加触点的数量及容量。它用于在控制电路中传递中间信号。

中间继电器的结构和原理与交流接触器基本相同，与接触器的主要区别在于：接触器的主触点可以通过大电流，而中间继电器的触点只能通过小电流。所以中间继电器只能用于控制电路中。中间继电器一般没有主触点，因为过负荷能力比较小。所以中间继电器用的全部都是辅助触点，数量比较多。

中间继电器一般是直流电源供电。少数使用交流供电。中间继电器的外形和电路图形符号如图 2-43 所示。

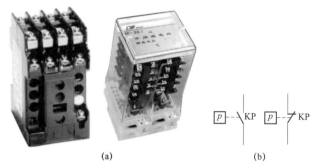

(a)　　　　　　　　　(b)

图 2-43　中间继电器的外形和电路图形符号
(a) 外形；(b) 电路图形符号

29 交流接触器

交流接触器常采用双断口电动灭弧、纵缝灭弧和栅片灭弧三种灭弧方法。用以消除动、静触点在分、合过程中产生的电弧。容量在 10A 以上的接触器都有灭弧装置。交流接触器还有反作用弹簧、缓冲弹簧、触点压力弹簧、传动机构、底座及接线柱等辅助部件。交流接触器的外形和电路图形符号如图 2-44 所示。

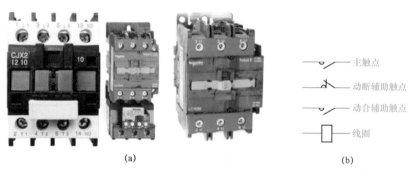

(a)　　　　　　　　　(b)

图 2-44　交流接触器的外形和电路图形符号
(a) 外形；(b) 电路图形符号

交流接触器的工作原理是利用电磁力与弹簧弹力相配合，实现触点的接通和分断的。交流接触器有失电（释放）和得电（动作）两种工作状态。当吸引线圈通电后，使静铁芯产生电磁吸力，衔铁被吸合，与衔铁相连的连杆带动触点动作，使动断触点断接触器处于得电状态；当吸引线圈断电时，电磁吸力消失，衔铁在复开，使动合触点闭合，位弹簧作用下释放，所有触点随之复位，接触器处于失电状态。

30 直流接触器

　　直流接触器是指用在直流回路中的一种接触器，主要用来控制直流电路（主电路、控制电路和励磁电路等）。直流接触器的铁芯与交流接触器不同，它没有涡流的存在，因此一般用软钢或工业纯铁制成圆形。由于直流接触器的吸引线圈通以直流，所以没有冲击的启动电流，也不会产生铁芯猛烈撞击现象，因而它的寿命长，适用于频繁启停的场合。交、直流接触器的选用可根据线路的工作电压和电流查电器产品目录。直流接触器的外形和电路图形符号如图 2-45 所示。

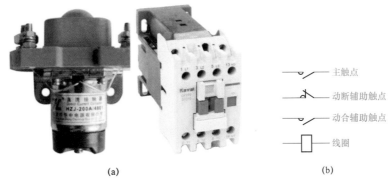

图 2-45　直流接触器的外形和电路图形符号
(a) 外形；(b) 电路图形符号

　　当接触器线圈通电后，线圈电流产生磁场，使静铁芯产生电磁吸力吸引动铁芯，并带动触点动作：动断触点断开，动合触点闭合，两者是联动的。当线圈断电时，电磁吸力消失，衔铁在释放弹簧的作用下释放，使触点复原：动合触点断开，动断触点闭合。

第**3**章
电动机全压启动控制电路的识读技巧

1 三相电动机控制电路的识读步骤

　　三相电动机控制电路的识读通常从电源进线开始进行，先看主电路电动机和电器的接线情况，接着再看控制电路，通过对控制电路的分析，深入了解。

　　现以交流接触器自锁控制电路为例加以说明，其控制电路如图3-1所示。

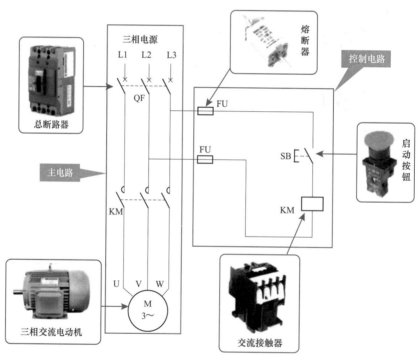

图3-1　交流接触器自锁控制电路

　　（1）三相电动机控制电路的主电路的识读。

　　1）先看供电电源部分。首先看主电路的供电情况，是母线汇流排还是配电柜供电，还是发动机供电。同时要知道电源是直流还是交流，最后要知道供电电源的等级等。

　　2）先用电设备。用电设备是指带动生产机械运转的电动机，或耗能发热的电弧炉等电气设备。要弄清它们的用途、类别、型号和接线方式等。

　　3）看对用电设备的控制方式。有的采用接触器、继电器控制，有的采用闸刀开关直接启动控制，有的采用各种启动器控制。应知道各种控制电器的作用和功能等。

　　（2）三相电动机控制电路的控制电路的识读。

1）先看供电电源部分。首先看控制电路的供电情况，是直流还是交流，最后要知道供电电源的等级等。

2）看控制电路的功能和组成。控制电路通常由几个支路（回路）组成，有些在一条支路还有几条独立的小支路（小回路）。弄清各支路对主电路的控制功能，并分析组电路的动作程序。例如，当一个支路（或分支路）行形成闭合回路并有电流通过时，主电路中的相应开关、触点的动作情况及电气元件的动作情况。

3）看各支路和元件之间的并联情况。由于各支路之间和一个支路中的元件，通常是相互关联或相互制约的。故分析它们之间的联系，可进一步深入了解控制电路对主电路的控制程序。

2 三相电动机控制电路的组成

现以时间原则控制全波整流正反转能耗制动控制电路为例加以说明，其控制电路如图 3-2 所示。

时间原则控制全波整流正反转能耗制动控制电路用来实现电动机 M 正向运转的控制过程，电动机能耗制动的控制过程和电动机停止的控制过程。主要由总断路器、三相交流电动机、交流接触器、时间继电器、中间继电器、启动按钮和停止按钮等组成。

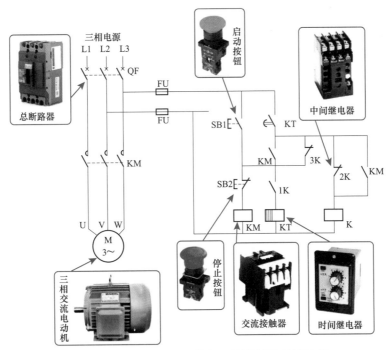

图 3-2　时间原则控制全波整流正反转能耗制动控制电路

3 交流接触器自锁控制电路的识读技巧

📖 电路结构特点的识读

交流接触器自锁控制电路如图 3-3 所示。

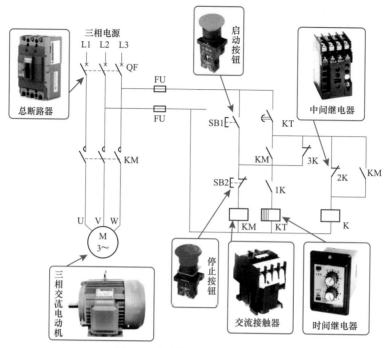

图 3-3　交流接触器自锁控制电路

📖 **电路控制过程的识读分析**

（1）电动机启动的控制过程（见图 3-4）。合上电源开关 QF（断路器）使主回路和控制回路通电。按下按钮 SB1，电流回路是：电源→ FU → SB2 → SB1 → KM（线圈）→ FU →电源，此时交流接触器 KM 线圈通电，主触点 KM 吸合，辅助动合触点 KM 闭合自锁，松开按钮 SB1，控制电路保持接通，电动机运转并保持。

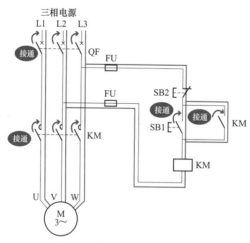

图 3-4　电动机启动的控制过程

（2）电动机停止的控制过程（见图 3-5）。需停止时，按下按钮 SB2，控制回路断开，接触器线圈 KM 断电并解锁使主触点断开，主回路断电，电动机停止运转。

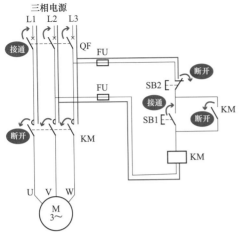

图 3-5 电动机停止的控制过程

专家提示

　　该电路相对于点动电路适合于电动机起动不太频繁，需较长时间运转的电动机控制、不需长时间按住按钮。停止控制电路，添加一个停止按钮，电动机起动与停止分别由两个按钮分别控制。自锁指交流接触器利用本身辅助触点闭合，并与按钮 SB1 线圈得电相互锁定。

4 按钮点动控制电路的识读技巧

📖 电路结构特点的识读

按钮点动控制电路电路结构特点的识读如图 3-6 所示。

📖 电路控制过程的识读分析

（1）电动机启动的控制过程（见图 3-7）。合上电源开关（断路器）QF 使主回路与控制回路通电，按下按钮 SB，此时交流接触器 KM 线圈通电，电流回路是：电源→FU → SB → KM（线圈）→ FU →电源，KM 主触点吸合，电动机通电正常运转。

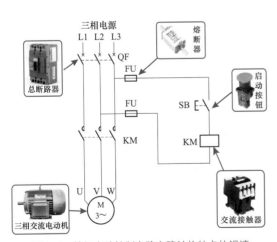

图 3-6 按钮点动控制电路电路结构特点的识读

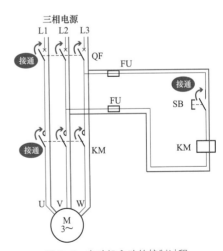

图 3-7 电动机启动的控制过程

　　（2）电动机停止的控制过程（见图 3-8）。当手离开按钮 SB 时，控制电路断开，交流接触器线圈断电，主触点断开，电动机停止运转。

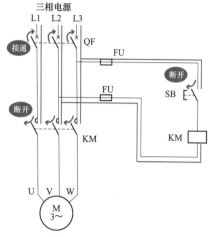

图 3-8　电动机停止的控制过程

> **专家提示**
>
> 　　在电路中，电动机的运转时间通过手按下按钮的时间来决定，较适合短时间的电动机启、停控制。该电路简单控制方便。该电路多用于快速行程及地面操作行车或车床等需频繁启动和停止的场合。

5　两台电动机同时启动、停止控制电路的识读技巧

📖 电路结构特点的识读

两台电动机同时启动、停止控制电路结构特点的识读如图 3-9 所示。

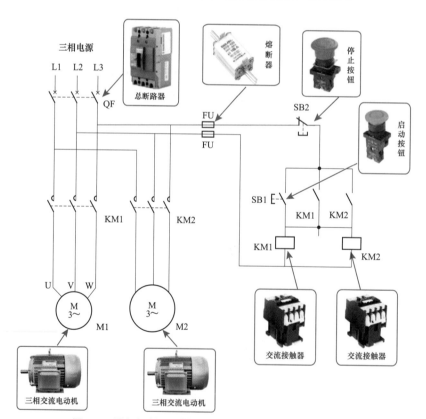

图 3-9　两台电动机同时启动、停止控制电路结构特点的识读

📖 电路控制过程的识读分析

（1）电动机启动的控制过程（见图 3-10）。合上电源开关 QF（断路器），主回路和控制回

路通电。按下启动按钮 SB1,电流回路是:电源→ FU → SB2 → SB1 → KM1 线圈→ FU →电源。接触器 KM1 和 KM2 通电后形成自锁,使 KM1、KM2 主触点先后闭合,电动机 M1、M2 启动,正常运转并保持。

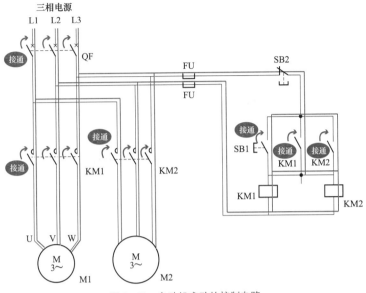

图 3-10 电动机启动的控制电路

（2）电动机停止的控制过程（见图 3-11）。如需停止,可按下停止按钮 SB2,接触器 KM1 解锁同时也将 KM2 的线圈电源断开,KM2 线圈断电。最后两个接触器主触点断开主回路,电动机 M1、M2 同时停止运转。

专家提示

电路中电动机 M1、M2 的启动、停止同时性较高,线路简单,但其中一台电动机出现故障时,整个生产线都必须停止。该电路适合两台（也可延伸三台、多台）电动机的同时控制（工厂中常用于控制多台机械设备的同时运行）。

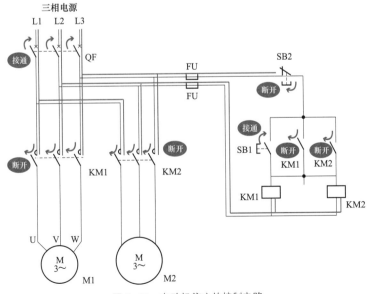

图 3-11 电动机停止的控制电路

6 两台电动机先后启动，同时停止控制电路的识读技巧

📖 **电路结构特点的识读**

两台电动机先后启动，同时停止控制电路的电路结构特点的识读，如图 3-12 所示。

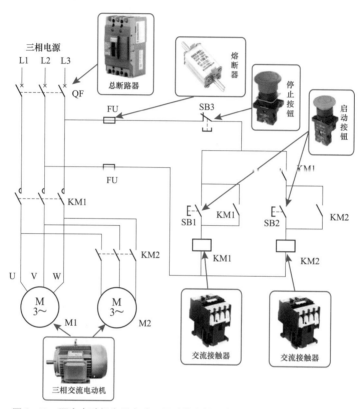

图 3-12 两台电动机先后启动，同时停止控制电路的电路结构特点的识读

📖 **控制过程的识读分析**

（1）两台电动机先后启动控制电路的识读分析。合上电源开关 QF（断路器），主回路和控制回路通电。

1）电动机 M1 正常运转并保持。按下按钮 SB1，电流回路是：电源→ FU → SB3 → SB1 → KM1（线圈）→电源，KM1 线圈得电，KM1 主触点闭合主回路，KM1 动合触点闭合自锁，电动机 M1 正常运转并保持。同时接通 KM2 的控制回路使其带电。电动机 M1 正常运转并保持的控制电路如图 3-13 所示。

2）电动机 M1 正常运转仍保持，电动机 M2 正常运转仍保持。按下按钮 SB2，电流回路是：电源→ FU2 → SB3 → KM1（动合辅助触点）→ SB2 → KM2（线圈）→ FU →电源，KM2 线圈得电，KM2 主触点闭合，另一台电动机主回路 KM2 动合触点闭合自锁，并保持。

电动机 M1 正常运转仍保持，电动机 M2 正常运转仍保持的控制电路如图 3-14 所示。

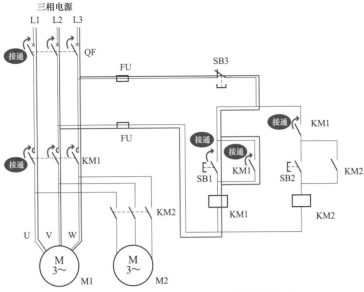

图 3-13　电动机 M1 正常运转并保持的控制电路

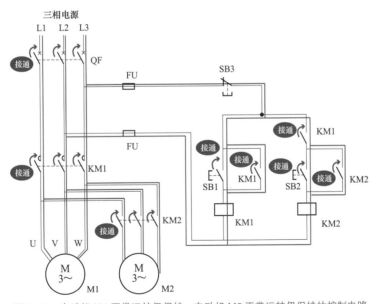

图 3-14　电动机 M1 正常运转仍保持，电动机 M2 正常运转仍保持的控制电路

（2）两台电动机同时停止控制电路的识读分析。如需停止，按下按钮 SB3，KM1 和 KM2 线圈同时失电，两对主触点全部断开主回路，电动机 M1 和 M2 同时停止运转。两台电动机同时停止的控制过程如图 3-15 所示。

　　该电路只有 M1 启动后，M2 才能启动。该电路还可扩展为三台或更多台电动机的顺序启动、同时停止电路，读者可根据实际需要自行扩展。

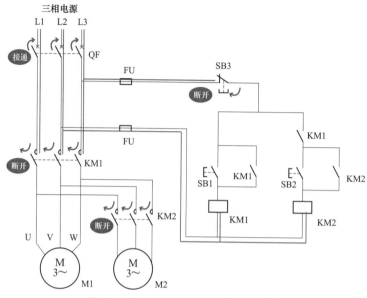

图 3-15　两台电动机同时停止的控制过程

7　电动机多地按钮启动、停止控制电路的识读技巧

📖 电路结构特点的识读

电动机多地按钮启动、停止电路结构特点的识读如图 3-16 所示。

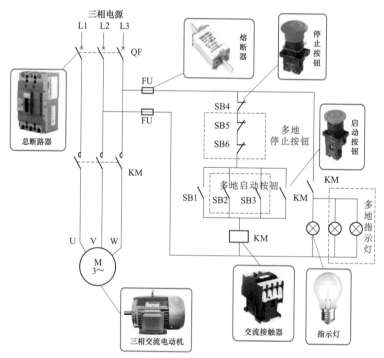

图 3-16　电动机多地按钮启动、停止电路结构特点的识读

📖 电路控制过程的识读分析

（1）电动机多地启动的控制过程（见图 3-17）。合上电源开关 QF（断路器），按下启动按钮

SB1，其电流回路是：电源→FU → SB4 → SB5 → SB6 → SB1（或 SB2、SB3）→ KM 线圈→FU →电源，交流接触器 KM 线圈通电，交流接触器 KM 主触点闭合主回路、动合辅助触点 KM 闭合自锁，电动机 M 保持正常运转。

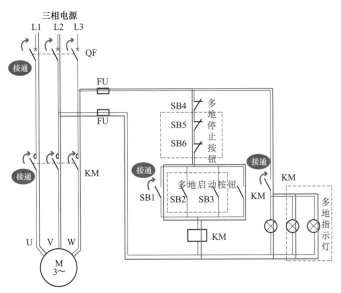

图 3-17　电动机多地启动的控制电路

（2）电动机多地停止的控制过程（见图 3-18）。如需停止，按下停止按钮 SB4（或 SB5、SB6）电动机控制回路断开，交流接触器 KM 线圈断电，所有触点复位，电动机停止运转。

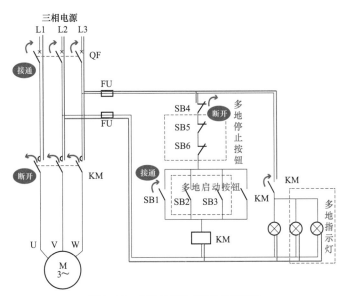

图 3-18　电动机多地启动的控制电路

8 静态继电器控制电动机正反转电路的识读技巧

📖 **电路结构特点的识读**

静态继电器控制电动机正反转电路结构特点的识读如图 3-19 所示。

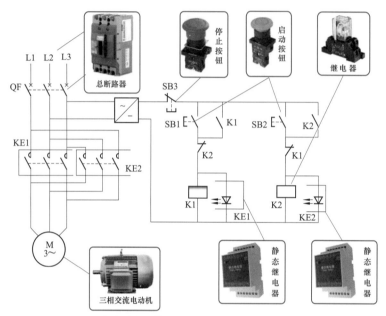

图 3-19 静态继电器控制电动机正反转电路结构特点的识读

📖 **电路控制过程的识读分析**

（1）电动机正转的控制过程（见图 3-20）。合上电源开关 QF（断路器），按下启动按钮 SB1、继电器 K1 线圈通电，动合触点 K1 闭合。此时动断触点 K1 断开，以防止继电器 K2 线圈通电，同时 KE1 的二极管得电发光，KE1 的电子开关导通，电动机 M 得电正向运转。

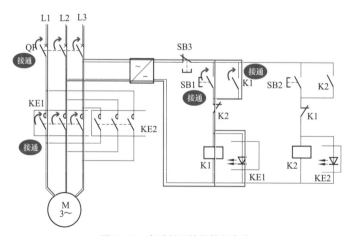

图 3-20 电动机正转的控制电路

（2）电动机反转的控制过程（见图 3-21）。按下反向启动按钮 SB2，继电器 K2 线圈通电，动合触点 K2 闭合，动断触点 K2 断开，防止继电器 K1 线圈通电，同时 KE2 的二极管得电发光，KE2 的电子开关导通，电动机 M1 得电反向运转。

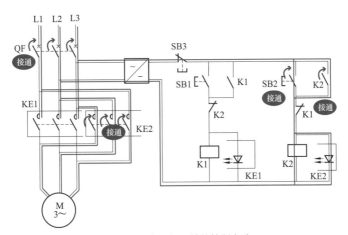

图 3-21　电动机反转的控制电路

（3）电动机停止的控制过程（见图 3-22）。按下停止按钮 SB3，继电器 K1 或 K2 线圈断电，其触点复位，KE1 或 KE2 的二极管断电熄灭。电子开关随之截止，电动机 M 断电停止运转。

专家提示

因静态继电器有耐压高、电源电压适应范围广，可承受大的浪涌电流，抗干扰，能力强，动作快，可靠性高，寿命长等特点，广泛应用于数字程控装置，电动机调温、调压控制，数据处理系统等。

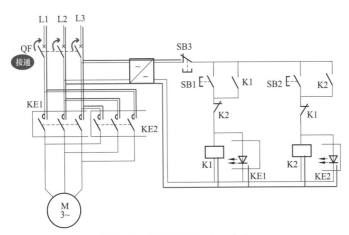

图 3-22　电动机停止的控制电路

9　两地安全操作一台电动机的控制电路的识读技巧

📖 电路结构特点的识读

两地安全操作一台电动机的电路结构特点的识读，如图 3-23 所示。

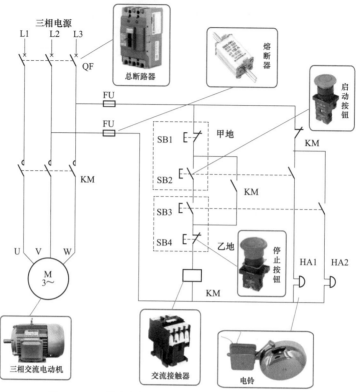

图 3-23　两地安全操作一台电动机电路结构特点的识读

📖 **电路控制过程的识读分析**

（1）电动机启动的控制过程（见图 3-24）。合上电源开关 QF（断路器），甲地操作人员按下启动按钮 SB2，电铃 HA1 响，乙地操作人员按下启动按钮 SB3，电铃 HA2 响，交流接触器 KM 线圈通电，主触点 KM 闭合，动合辅助触点 KM 闭合自锁，动断辅助触点 KM 断开，电铃 HA1、HA2 停止响铃，电动机运转。

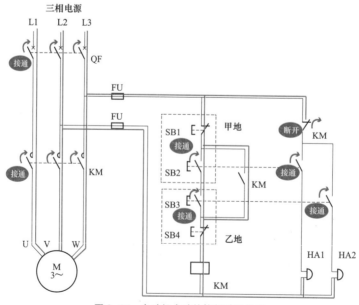

图 3-24　电动机启动的控制过程分析

（2）电动机停止的控制过程（见图3-25）。在甲地或乙地按下停止按钮 SB1 或 SB4，控制回路断开，交流接触器 KM 线圈失电，各触点复位，电动机停止运转。

专家提示

　　该电路有两个串联启动按钮，只有同时按下两地启动按钮才能启动电动机，从而防止误操作防止造成安全事故，大大提高生产的安全性。

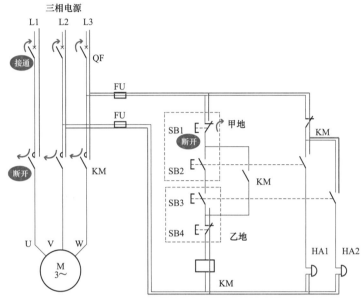

图 3-25　电动机停止的控制过程

第4章

电动机正反转启动控制电路的识读技巧

1 接触器联锁正反转控制电路的识读技巧

📖 电路结构特点识读

接触器联锁正反转控制电路电路结构特点的识读，如图4-1所示。

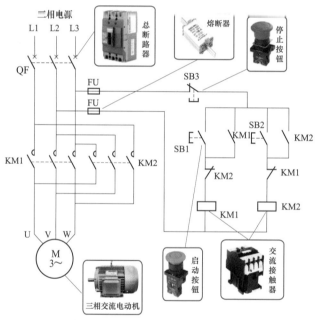

图4-1 接触器联锁正反转控制电路电路结构特点的识读

📖 电路控制过程的识读

（1）电动机正转启动的控制过程（见图4-2）。合上电源开关 QF（断路器），按下正转启动按钮 SB1，电流回路为：电源→FU→SB3→SB1→KM2 动断辅助触点→KM1 线圈→FU→电源，由于继电器的 KM2 的动断触点此时闭合，故交流接触器 KM1 线圈通电，主触点KM1 闭合，动合辅助触点 KM1 闭合自锁，电动机 M 正转并保持。

（2）电动机反转启动的控制过程（见图4-3）。先按下 SB3 停止按钮，再按下反转启动按钮SB2，电流回路为：电源→FU→SB3→SB2→KM1 动断辅助触点→KM2 线圈→FU→电源，此时 KM1 动断点闭合，交流接触器 KM2 线圈通电，主触点 KM2 闭合，动合辅助触点 KM2 闭合自锁，动断辅助触点 KM2 断开实现联锁，电动机 M 反转并保持。

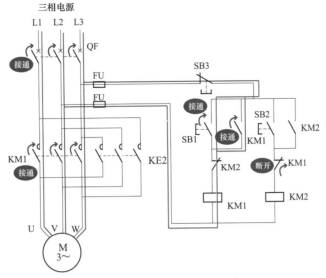

图 4-2　电动机正转启动的控制过程

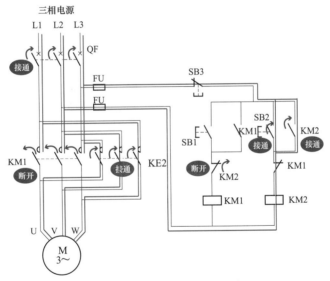

图 4-3　电动机反转启动的控制过程

（3）电动机停止的控制过程（见图 4-4）。按下停止按钮 SB3，电动机运转控制回路断开，交流接触器 KM1、KM2 线圈均断电，触点复位，电动机停止运转。

　　该电路在正、反转变换时，需要先停止电动机再进行状态转换，该图为电气正反转相互闭锁，也可用机械部件将 KM1 与 KM2 相互闭锁。接触器联锁是指通过接触器线圈通电，动断辅助触点断开来切断另一条回路，以防止短路。

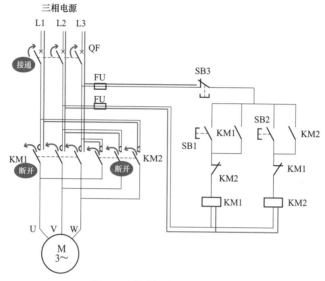

图 4-4　电动机停止的控制过程

2　按钮联锁正反转控制电路的识读技巧

📖 **电路结构特点的识读**

按钮联锁正反转控制电路电路结构特点的识读，如图 4-5 所示。

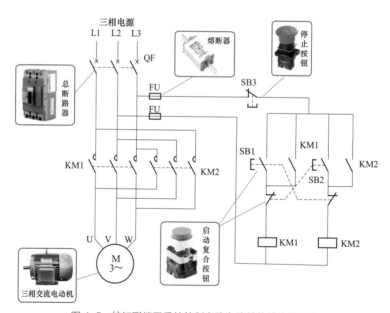

图 4-5　按钮联锁正反转控制电路电路结构特点的识读

📖 **电路控制过程的识读**

（1）电动机正转启动的控制过程（见图 4-6）。合上电源开关 QF（断路器），主回路和控制回路通电，按下正转启动按钮 SB1，其电流回路为：电源→ FU → SB1 → SB2 动断触点 → KM1 线圈→ FU →电源，按钮 SB2 的动断触点处于闭合状态。交流接触器 KM1 线圈得电，主触点 KM1 闭合，动合辅助触点 KM1 闭合自锁，电动机 M 正转并保持。

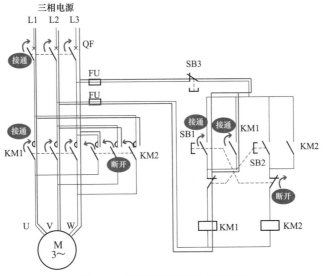

图 4-6　电动机正转启动的控制过程

（2）电动机反转启动的控制过程（见图 4-7）。按下反转按钮 SB2，按钮 SB1 的动断触点处于闭合状态，同时断开 KM1 的闭锁，使 KM1 线圈失电而断开，其电流回路为：电源 → FU → SB3 → SB2 → SB1 动断触点 → KM2 线圈 → FU → 电源，交流接触器 KM2 线圈得电，主触点 KM2 闭合，动合辅助触点 KM2 闭合自锁，电动机 M 反转并保持。

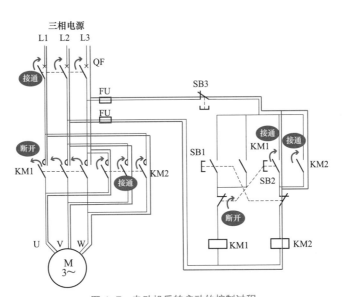

图 4-7　电动机反转启动的控制过程

（3）电动机停止控制过程（见图 4-8）。按下停止按钮 SB3，电动机控制回路断开，交流接触器 KM1 或 KM2 线圈断电，使主触点断开主回路，电动机失电而停止运转。

　　该电路正反转控制操作方便，可以直接进行状态转换。正反转换时不需再停止电动机，相比接触器的辅助触头联锁方便得多。如果正转主触点发生熔焊，按反转按钮换向会发生短路。

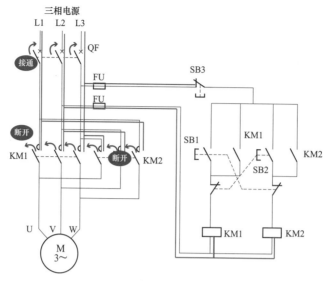

图 4-8　电动机停止控制过程

3　接触器与按钮双重联锁的正反转控制电路的识读技巧

📖 **电路结构特点的识读**

接触器与按钮双重联锁的正反转控制电路电路结构特点的识读，如图 4-9 所示。

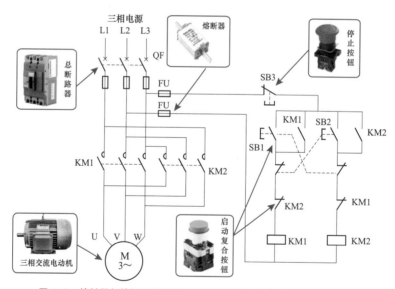

图 4-9　接触器与按钮双重联锁的正反转控制电路电路结构特点的识读

📖 **电路控制过程的识读**

（1）电动机正转的控制过程（见图 4-10）。合上电源开关 QF（断路器），按下启动按钮 SB1，其电流回路是：电源→FU→SB3→SB1 动断触点→KM2 动断辅助触点→KM1 线圈→FU→电源，交流接触器 KM1 线圈得电，KM1 动合点闭合，KM1 动合辅助触点闭合自锁，动断辅助触点 KM1 断开反转控制回路实现联锁，电动机 M 正转并保持。

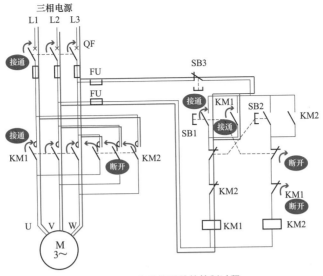

图 4-10 电动机正转的控制过程

（2）电动机反转的控制过程（见图 4-11）。按下反转启动按钮 SB2，其电流回路是：电源→FU → SB3 → SB2 → SB1 动断触点→ KM1 动断辅助触点→ KM2 线圈→ FU →电源，交流接触器 KM2 线圈得电，主触点 KM2 闭合，动合辅助触点 KM2 闭合自锁，动断辅助触点 KM2 断开正转控制回路实现联锁，电动机 M 反转并保持。

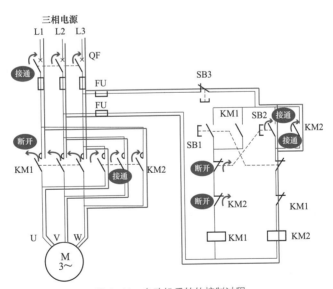

图 4-11 电动机反转的控制过程

（3）电动机停止控制过程（见图 4-12）。按下停止按钮 SB3，电动机控制回路断开，交流接触器 KM1 或 KM2 线圈断电，主触点断开主回路，电动机失电停止运转。

专家提示

该电路集中了按钮联锁与接触器联锁的优点，可避免接触器主触点发生熔焊时，按反转按钮发生短路现象，同时正反转交换时，无须先停止电动机。

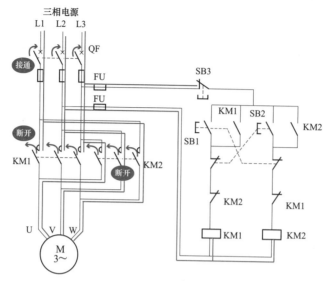

图 4-12　电动机停止控制过程

4　行程开关停止的正反转控制电路的识读技巧

📖 **电路结构特点的识读**

行程开关停止的正反转控制电路的电路结构特点的识读，如图 4-13 所示。

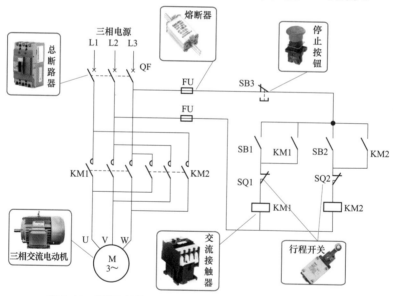

图 4-13　行程开关停止的正反转控制电路的电路结构特点的识读

📖 **电路控制过程的识读**

（1）正转启动和行程开关停止控制过程（见图 4-14）。合上电源开关 QF（断路器），按下正转启动按钮 SB1，其电流回路是：电源→ SB3 → SB1 → SQ1 → KM1 →电源，这时，主回路和控制回路通电，交流接触器 KM1 线圈通电，KM1 主触点闭合，动合辅助点 KM1 闭合自锁，电动机 M 正转并保持。当电动机带动运行至设定位置时，撞块碰到行程开关 SQ1，行程开关 SQ1 动断触点断开，电动机正转控制回路断开，交流接触器 KM1 自锁解开，交流接触器 KM1 线圈断电，主触点断开，电动机失电停止运转。

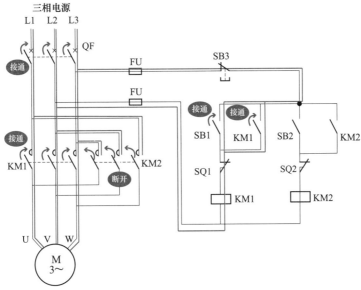

图 4-14　正转启动和行程开关停止控制过程

（2）反转启动和行程开关停止控制过程（见图 4-15）。按下反转启动按钮 SB2，交流接触器 KM2 线圈通电，KM2 主触点闭合，KM2 动合辅助触点闭合自锁，电动机反转并保持。当电动机带动撞块运行至设定位置时，撞块碰到行程开关 SQ2，行程开关 SQ2 动断触点断开，交流接触器 KM2 自锁解开，电动机反转控制回路断开，KM2 线圈断电，主触点断开，电动机断电停止运转。

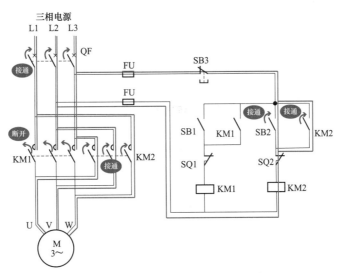

图 4-15　反转启动和行程开关停止控制过程

（3）电动机停止的控制过程（见图 4-16）。电动机运行中需要停止时，按下停止按钮 SB3，控制回路断开，接触器 KM1 或 KM2 线圈断电，其自锁状态被解开，主触点断开主回路，电动机停止运转。

专家提示

电路通过行程开关的动作来断开电动机的控制电路，从而实现电动机的限位停止。行程开关是由机械撞块触及传动轴，使电路接通或断开的一种自动开关。该电路适合于运行中有位置限制的正反转生产机械（车床、桥式起重机等）的驱动。

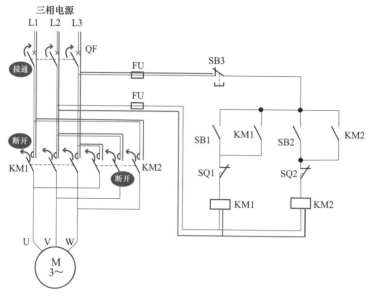

图 4-16　电动机停止的控制过程

5　限时自动正反转控制电路的识读技巧

📖 电路结构特点的识读

限时自动正反转控制电路结构特点的识读，如图 4-17 所示。

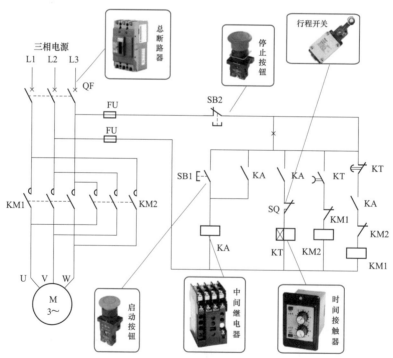

图 4-17　限时自动正反转控制电路结构特点的识读

📖 电路控制过程的识读

（1）电动机正转的控制过程（见图 4-18）。合上电源开关 QF（断路器），按下启动按钮

SB1，中间继电器 KA 线圈通电，KA 闭合，其电流回路是：电源→ FU → SB2 → KT 延时动断触点→ KA 动合触点→ KM2 动断辅助触点→ KM1 线圈→ FU →电源，此时交流接触器 KM1 线圈通电，主触点闭合，电动机正转并保持。

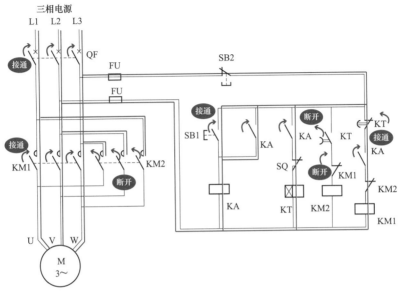

图 4-18　电动机正转的控制过程

（2）电动机反转的控制过程（见图 4-19）。同时时间继电器 KT 线圈通电，在时间继电器 KT 设定的延时时间到达后，动断触点 KT 断开，交流接触器 KM1 线圈断电，主触点断开正转主回路，电动机瞬时断电。同时时间继电器线圈 KT 延时动合触点闭合，其电流回路是：电源→ FU → SB2 → KT 延时动合触点→ KM1 动断触点→ KM2 线圈→ FU →电源，这时交流接触器 KM2 线圈通电，主触点 KM2 闭合，电动机反转并保持。

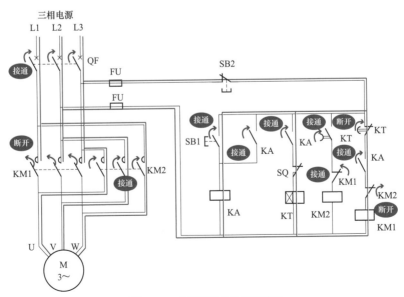

图 4-19　电动机反转的控制过程

（3）电动机正转恢复的控制过程（见图 4-20）。当电动机反转至特定位置时，行程开关 SQ 动断触点被断开，时间继电器 KT 的线圈断电，其辅助触点恢复原位。在第二次循环开始正转启动后，行程开关闭合，再接通时间继电器并开始延时，其延时闭合的动合触点 KT 仍处于断开状态，交流接触器 KM2 线圈断电，主触点断开反转主回路，同时 KT 延时断开的动断触点仍处于闭合状态，交流接触器 KM1 线圈通电，电动机正转。

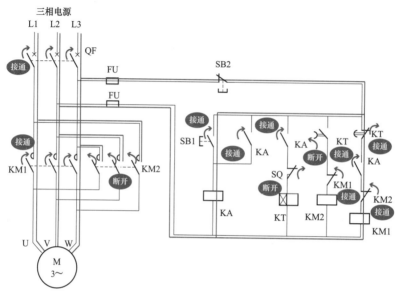

图 4-20　电动机正转恢复的控制过程

（4）电动机停止的控制过程（见图 4-21）。电动机运行中，如需要停止，按下停止按钮 SB2，中间继电器 KA 被解锁，控制主回路断开，接触器 KM1 或 KM2 线圈断电，触点复位，电动机停止运转。

专 家 提 示

　　该电路应用新型的 JJSBI 脉动型晶体管时间继电器，执行触头能按两种时间规律往复动作。该电路适合时间性较强的自动正反转运行的生产机械。

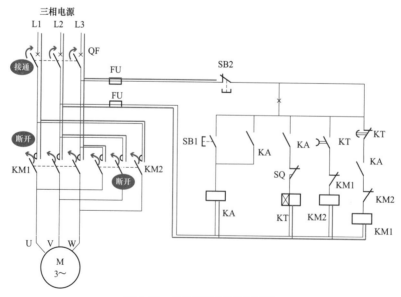

图 4-21　电动机停止的控制过程

6 三重联锁正反转控制电路的识读技巧

📖 **电路结构特点的识读**

三重联锁正反转控制电路结构特点的识读，如图 4-22 所示。

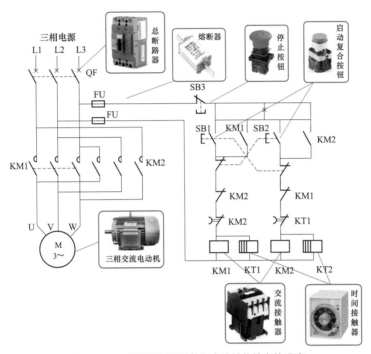

图 4-22 三重联锁正反转控制电路结构特点的识读

📖 **电路控制过程的识读分析**

（1）电动机正转的控制过程（见图 4-23）。合上电源开关 QF（断路器），主回路和控制回路通电，按下启动按钮 SB1，其电流回路是：电源→FU → SB3 → SB1 → SB2 动断触点→ KM2 辅助动断触点→ KT2 动断触点→ KM1 线圈→ FU →电源，交流接触器 KM1 线圈得电，主触点

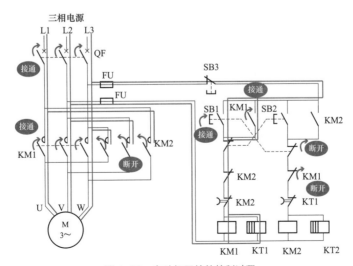

图 4-23 电动机正转的控制过程

57

KM1 闭合，动合辅助触点 KM1 闭合自锁，动断辅助 KM1 断开反转控制回路实现联锁，电动机 M 正转并保持。

断电延时时间继电器 KT1 线圈通电，断电延时闭合触点 KT1 断开 KM2 线圈回路，实现三重联锁。KT1 的延时时间，只有等电动机真正停转时，其延时闭合动断触点才能闭合，反转控制回路才能有接通的可能。

（2）电动机反转的控制过程（见图 4-24）。按下启动按钮 SB2，其电流回路是：电源→FU → SB3 → SB1 动断触点→ KM1 动断辅助触点→ KT1 动断触点→ KM2 线圈→ FU →电源，此时交流接触器 KM2 线圈通电，断电延时闭合触点 KT2 断开，主触点 KM2 闭合，动合辅助触点 KM2 闭合自锁，动断辅助触点 KM2 断开联锁，电动机 M 反转并保持。同时断电延时时间继电器 KT2 线圈通电，断电延时闭合触点 KT2 断开。

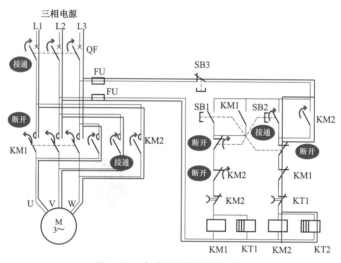

图 4-24　电动机反转的控制过程

（3）电动机反转停止的控制过程（见图 4-25）。按下停止按钮 SB3，电动机反转控制回路断开，交流接触器 KM2 线圈断电，触点复位，电动机停止运转。同时，时间继电器 KT2 开

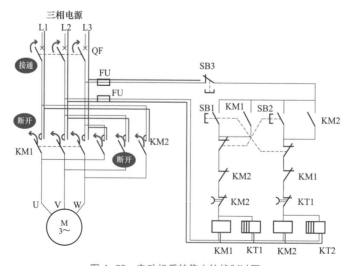

图 4-25　电动机反转停止的控制过程

始断电延时，延时结束后，其动断触点开始闭合，才能为下次反转做准备，不能反转停止，立即正转，对电动机造成冲击。

> **专家提示**
>
> 正反转转换时，电动机有短暂延时，使电动机得到保护，减少因制动造成的发热，延长电动机的使用寿命。该电路适合各种需要正反转运行的机械驱动。

7 一只行程开关自动往返控制电路的识读技巧

📖 **电路结构特点的识读**

一只行程开关自动往返控制电路结构特点的识读，如图 4-26 所示。

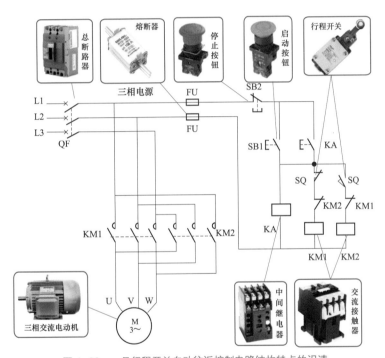

图 4-26 一只行程开关自动往返控制电路结构特点的识读

📖 **电路控制过程的识读分析**

（1）电动机 M 得电正向运转的控制过程（见图 4-27）。合上电源开关 QF（断路器），主回路和控制回路通电，按下启动按钮 SB1，中间继电器 KA 线圈通电，动合触点 KA 闭合自锁，其电流回路是：电源→FU→KA→SQ 动断触点→KM2 辅助动断触点→KM1 线圈→FU→电源，同时交流接触器 KM1 线圈通电，主触点 KM1 吸合，电动机 M 得电正向运转。

（2）电动机 M 得电反向运转控制过程（见图 4-28）。电动机 M 得电正向运转，带动机械装置运行至设定位置，撞块碰到行程开关 SQ，行程开关触点转换，开点变闭点，闭点变开点，接触器 KM2 线圈通电，主触点 KM2 闭合，电动机 M 通电后接着反向运转，带动机械装置运行至设定位置，撞块碰到行程开关 SQ 后，行程开关再次转换触点，电动机 M 再次正向运转。

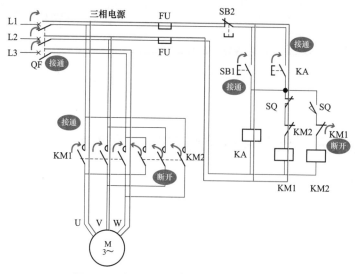

图 4-27　电动机 M 得电正向运转的控制过程

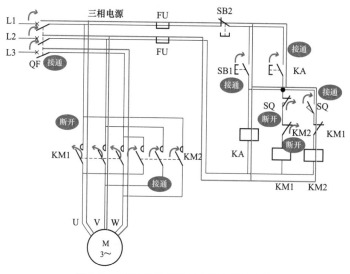

图 4-28　电动机 M 得电反向运转控制过程

（3）电动机停止的控制过程（见图 4-29）。按下停止按钮 SB2，控制主回路断开，交流接触器线圈断电，触点复位，电动机 M 停止运转。

　　该电路通过一个双轮行程开关接通一个电路同时又断开一个电路的作用，来控制电动机正反转，实现自动往返。该电路适合工作场合简单的电动机自动往返控制。

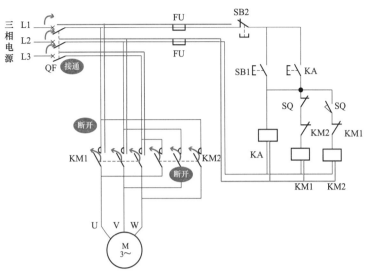

图 4-29　电动机停止的控制过程

第 5 章
电动机降压启动电路的识读技巧

1 按钮控制的 Y- △ 降压启动电路的识读技巧

📖 **电路结构特点的识读**

按钮控制的 Y- △ 降压启动电路结构特点的识读，如图 5-1 所示。

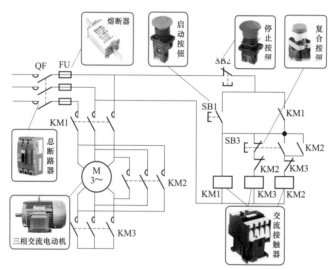

图 5-1　按钮控制的 Y- △ 降压启动电路结构特点的识读

📖 **电路控制过程的识读分析**

（1）电动机 Y 连接启动运行控制过程（见图 5-2）。合上电源开关 QF（断路器），按下 SB1 按钮，交流接触器 KM1 和 KM3 线圈得电，主触点 KM1、KM3 闭合，动合辅助触点 KM1 闭合自锁，电动机 Y 连接启动运行。

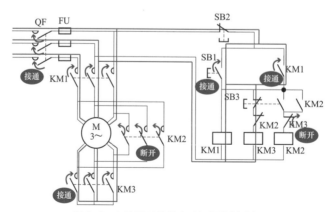

图 5-2　电动机 Y 连接启动运行控制过程

（2）电动机转换为△连接运转控制过程（见图 5-3）。当转速平稳时，按下 SB3 按钮，交流接触器 KM3 线圈断电，主触点 KM3 断开。接着交流接触器 KM2 线圈通电，主触点 KM2 闭合，动合辅助触点 KM2 闭合自锁，电动机转换为△连接运转。

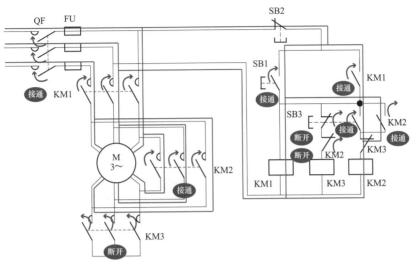

图 5-3　电动机转换为△连接运转控制过程

（3）电动机停止控制过程（见图 5-4）。按下停止按钮 SB2,控制主回路断开,接触器线圈断电,触点复位,电动机停止运转。

专 家 提 示

Y- △启动适用于电压为 380/220V 的电动机，启动时为 Y 连接，然后转变为△连接。启动时电压为全压的 1/3，电流只有 1/3。该电路适合电动机空载或轻载启动的生产机械。

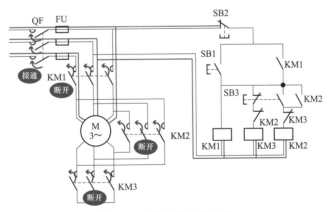

图 5-4　电动机停止控制过程

2　时间继电器 Y- △降压启动控制电路的识读技巧

📖 电路结构特点的识读

时间继电器 Y- △降压启动控制电路结构特点的识读，如图 5-5 所示。

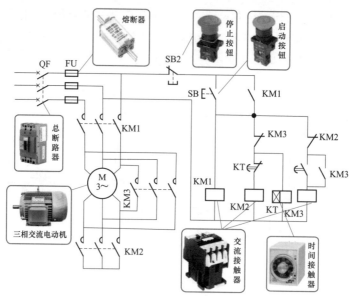

图 5-5 时间继电器 Y-△降压启动控制电路结构特点的识读

📖 **电路控制过程的识读分析**

（1）电动机 Y 连接启动控制过程（见图 5-6）。合上电源开关 QF（断路器）按下启动按钮 SB1，交流接触器 KM1 和 KM2 及时间继电器 KT 线圈通电，交流接触器 KM1、KM3 主触点闭合，KM1 动合辅助触点闭合自锁，电动机 Y 连接启动。

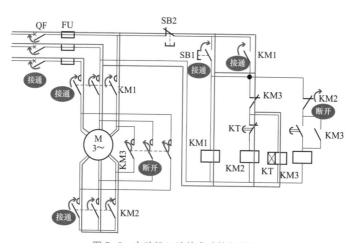

图 5-6 电动机 Y 连接启动控制过程

（2）电动机△连接启动控制过程（见图 5-7）。时间继电器 KT 到达设定时间后，延时动断触点 KT 断开，交流接触器 KM2 线圈断电，触点复位，时间继电器延时动合触点 KT 同时也闭合，交流接触器 KM3 线圈通电，主触点 KM3 闭合，动合辅助触点 KM3 闭合自锁。电动机转换为△连接运转。

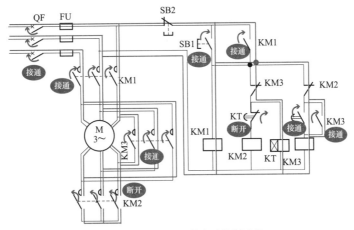

图 5-7　电动机△连接启动控制过程

（3）电动机停止控制过程（见图5-8）。按下停止按钮 SB2，主回路断开，接触器线圈断电，触点复位，电动机停止运转。

专家提示

该电路具有操作方便、启动电流小（只有直接启动时的1/3）等特点。该电路适合电动机空载或轻载启动的生产机械驱动。

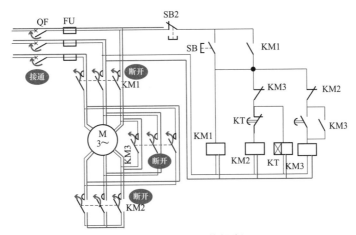

图 5-8　电动机停止控制过程

3　高安全性的 Y-△降压启动控制电路的识读技巧

电路结构特点的识读

高安全性的 Y-△降压启动控制电路结构特点的识读，如图 5-9 所示。

电路控制过程的识读分析

（1）电动机 Y 连接启动控制过程（见图5-10）。合上电源开关 QF（断路器），按下启动按钮 SB1，交流接触器 KM1 线圈通电，主触点 KM1 闭合，动合辅助触点 KM1 闭合自锁，时间继电器 KT 线圈得电而未到达设定时间，交流接触器 KM2 线圈得电，主触点 KM2 闭合，动断辅助触点 KM2 断开，电动机 M 按 Y 连接启动。

假设时间继电器 KT 卡死或线圈断线，其动合触点则不能闭合，电动机将无法启动。

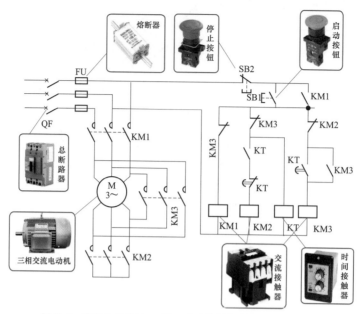

图 5-9　高安全性的 Y− △降压启动控制电路结构特点的识读

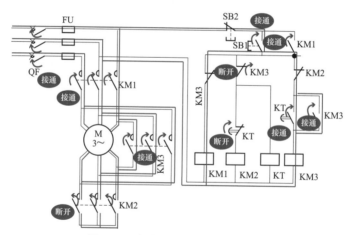

图 5-10　电动机 Y 连接启动控制过程

（2）电动机△连接启动控制过程（见图 5-11）。时间继电器到达设定时间后，延时动断触点断开，KM2 线圈断电，主触点 KM2 断开，随着时间继电器 KT 动合延时触点闭合，交流接触器 KM3 线圈通电，主触点 KM3 闭合，动合辅助触点 KM3 闭合自锁，电动机 M 按△连接运转。

（3）电动机停止控制过程（见图 5-12）。按下停止按钮 SB2，电动机控制主回路断开，接触器、继电器线圈断电，触点复位，电动机停止运转。

　　该电路通过触点 KM2、KM3 互相连锁，来避免电动机 M 因交流接触器 KM1、KM2、KM3 主触点黏接等故障发生。该电路适合工作环境较差，容易造成线圈断线、机械卡死、主触点黏接等生产机械的拖动。

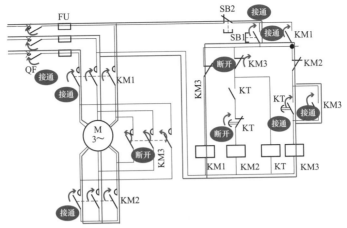

图 5-11　电动机△连接启动控制过程

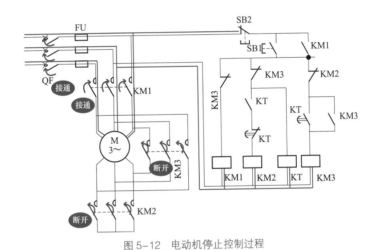

图 5-12　电动机停止控制过程

4 电动机定子绕组串电阻器降压启动控制电路的识读技巧

📖 **电路结构特点的识读**

电动机定子绕组串电阻器降压启动控制电路结构特点的识读，如图 5-13 所示。

📖 **电路控制过程的识读分析**

（1）电动机绕组串电阻器降压启动控制过程（见图 5-14）。合上电源开关 QF（断路器），按下启动按钮 SB1，交流接触器 KM1 线圈得电，主触点 KM1 闭合，动合辅助触点 KM1 闭合自锁，电动机串联电阻 R 降压启动。

（2）电动机绕组全压运行控制过程（见图 5-15）。时间继电器 KT 线圈得电，在设定的时间后，动合触点 KT 闭合，交流接触器 KM2 线圈得电，主触点 KM2 闭合，串联的电阻 R 被短接，电动机 M 全压运转。

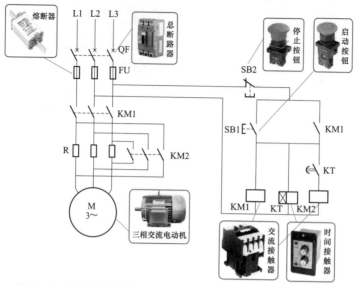

图 5-13　电动机定子绕组串电阻器降压启动控制电路结构特点的识读

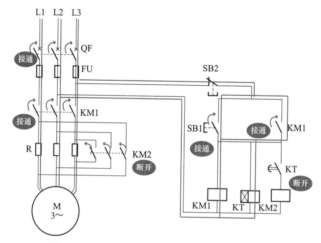

图 5-14　电动机绕组串电阻器降压启动控制过程

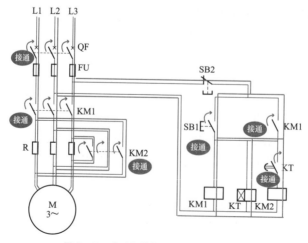

图 5-15　电动机绕组全压运行控制过程

（3）电动机停止控制过程（见图 5-16）。按下停止按钮 SB2，电动机控制主回路断开，交流接触器 KM1 和 KM2 线圈断电，触点复位，电动机 M 停止运转。

专家提示

该电路适合额定电压为 220/380V（△/Y）接线方法时，不能用 Y-△方法启动的电路。电动机串联电阻 R，可降低电动机 M 上的电压，减少启动电流。当电动机启动后，将串联电阻 R 短路，电压全部加到电动机上，电动机可全压正常运转。

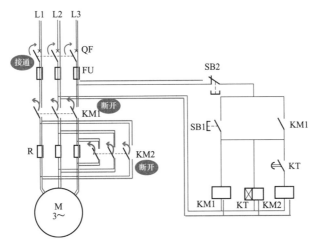

图 5-16　电动机停止控制过程

5　频敏变阻器降压启动控制电路的识读技巧

📖 电路结构特点的识读

频敏变阻器降压启动控制电路结构特点的识读，如图 5-17 所示。

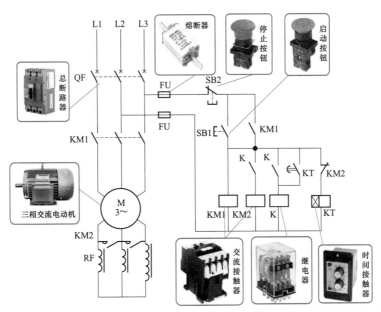

图 5-17　频敏变阻器降压启动控制电路结构特点的识读

📖 **电路控制过程的识读分析**

（1）电动机降压启动控制过程（见图 5-18）。合上电源开关 QF（断路器），按下启动按钮 SB1，交流接触器 KM1 线圈通电，主触点 KM1 闭合，动合辅助触点 KM2 闭合自锁，电动机串联频敏变阻器 RF 降压启动。

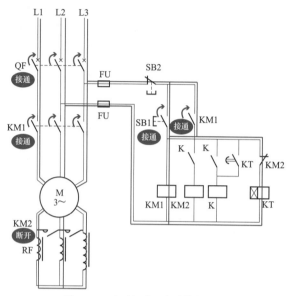

图 5-18　电动机降压启动控制过程

（2）电动机全压启动控制过程（见图 5-19）。同时时间继电器 KT 线圈通电，到达设定时间后，延时动合触点 KT 闭合，继电器 K 线圈通电，两个动合触点闭合，交流接触器 KM2 线圈得电，主触点 KM2 闭合，频敏变阻器 RF 被短接，电动机 M 正常运转。同时动断辅助触点 KM2 断开，时间继电器 KT 断电，触点 KT 复位。

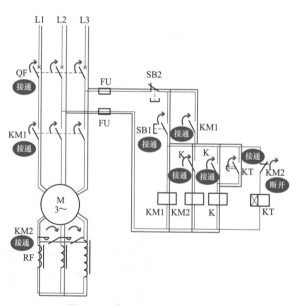

图 5-19　电动机全压启动控制过程

（3）电动机停止控制过程。电动机停止控制过程，如图 5-20 所示。按下停止按钮 SB2，控制主回路断开，交流接触器、继电器线圈断电，触点复位，电动机停止运转。

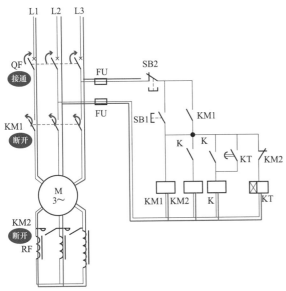

专家提示

该电路利用频敏变阻器的阻抗可随转子电流频率下降而减小的特点，来完成降压启动。该电路适合大容量电动机的频繁启动。

图 5-20 电动机停止控制过程

6 Y-△-Y 转换节能控制电路的识读技巧

📖 电路结构特点的识读

Y-△-Y 转换节能控制电路结构特点的识读，如图 5-21 所示。

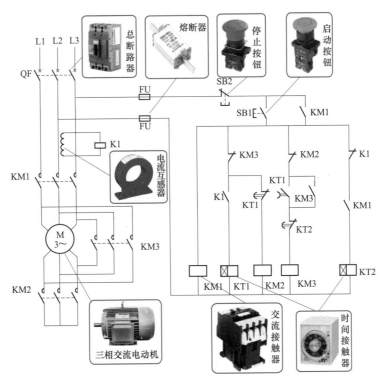

图 5-21 Y-△-Y 转换节能控制电路结构特点的识读

📖 **电路控制过程的识读分析**

（1）电动机绕组 Y 连接运转控制过程（见图 5-22）。合上电源开关 QF（断路器），按下启动按钮 SB1，交流接触器 KM1 线圈通电，主触点 KM1 闭合，三相电源 L1、L2、L3 接入电动机 M，动合辅助触点 KM1 闭合，时间继电器 KT2 线圈通电，延时动断触点 KT2 断开，防止交流接触器 KM3 线圈通电。按下按钮 SB1 的同时，交流接触器 KM2 线圈通电，主触点 KM2 闭合，动断辅助触点 KM2 断开联锁，电动机 M 绕组接成 Y 运转。当电动机轻负荷或重负荷，其负荷率小于 40% 时，电流继电器 KI 不动作，电动机绕组保持 Y 连接运转。

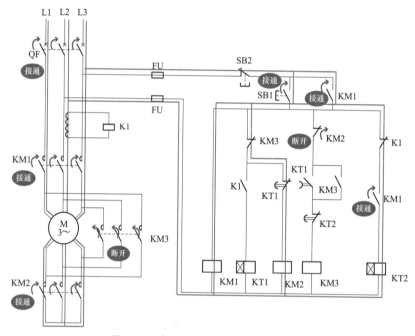

图 5-22　电动机绕组 Y 连接运转控制过程

（2）电动机 M 绕组按△连接运转控制过程（见图 5-23）。若电动机重负荷工作时，电流继电器 KI 线圈动作，动断触点 KI 断开，时间继电器 KT2 线圈断电，触点复位，动合触点 KI 闭合，时间继电器 KT1 线圈通电。当到达设定时间后，延时动断触点 KT1 断开，交流接触器 KM2 线圈断电，触点 KM2 复位，延时动合触点 KT1 闭合，交流接触器 KM3 线圈通电，主触点 KM3 闭合，动合辅助触点 KM3 闭合自锁，动断辅助触点 KM3 断开联锁，时间继电器 KT1 线圈断电，触点复位，电动机 M 绕组按△连接运转。

（3）电动机空载或轻载节能模式控制过程（见图 5-24）。若电动机工作在空载或轻载时，电流继电器 KI 触点复位，时间继电器 KT2 线圈通电，当到达时间继电器 KT2 设定时间后，延时动断触点 KT2 断开，交流接触器 KM3 线圈断电，触点复位，交流接触器 KM2 线圈通电，主触点 KM2 闭合，电动机 M 绕组按 Y 连接运转，并转换为节能模式。

专家提示

该电路通过电动机负荷的变化来改变电动机绕组的接线方法，这样可节省电能，电动机负荷率大于 90% 时，绕组接成△连接，电动机负荷率小于 40% 时，绕组接成 Y 连接，低电压节电运转。该电路适合电动机负荷波动较大的生产机械驱动。

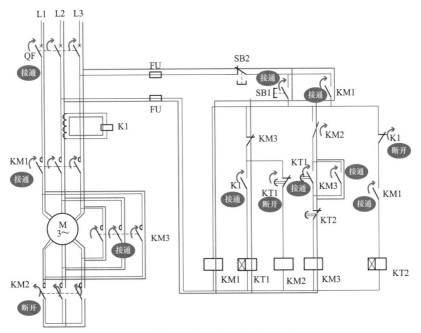

图 5-23　电动机 M 绕组按△连接运转控制过程

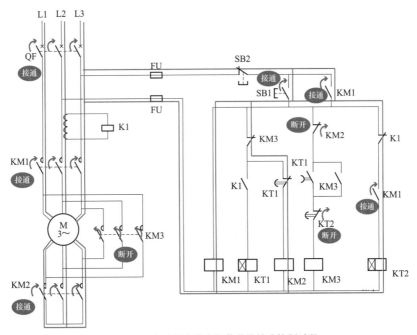

图 5-24　电动机空载或轻载节能模式控制过程

7　防止不切换的 Y- △降压启动控制电路的识读技巧

📖 **电路结构特点的识读**

防止不切换的 Y- △降压启动控制电路结构特点的识读，如图 5-25 所示。

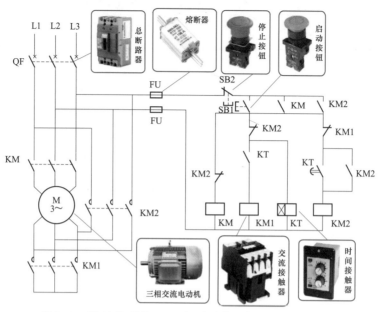

图 5-25　防止不切换的 Y- △降压启动控制电路结构特点的识读

📖 **电路控制过程的识读分析**

（1）电动机 M 绕组接成 Y 启动运转控制过程（见图 5-26）。合上电源开关 QF（断路器），按下启动按钮 SB1，交流接触器 KM 线圈通电，主触点 KM 闭合，动合辅助触点 KM1 闭合自锁，时间继电器 KT 线圈同时通电，这时动合触点 KT 闭合，交流接触器 KM1 线圈得电，主触点 KM1 闭合，动断辅助触点 KM1 断开，以防止交流接触器 KM2 线圈通电，电动机 M 绕组接成 Y 启动运转。

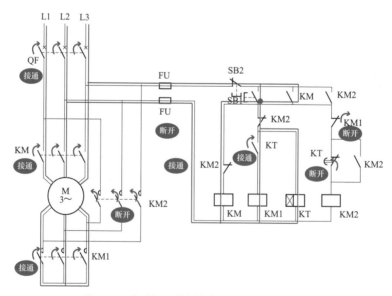

图 5-26　电动机 M 绕组接成 Y 启动运转控制过程

（2）电动机 M 绕组接成△运转控制过程（见图 5-27）。当到达时间继电器 KT 所设定的时间后，通电延时动断触点 KT 断开，交流接触器 KM1 线圈断电，其触点复位，同时时间继电器

74

KT 通电，延时闭合触点 KT 闭合，交流接触器 KM2 线圈通电，主触点 KM2 闭合，动合辅助触点闭合自锁，动断辅助触点 KM2 断开，切断了时间继电器 KT 和交流接触器 KM 电路，其各自触点复位，电动机 M 绕组接成△运转。

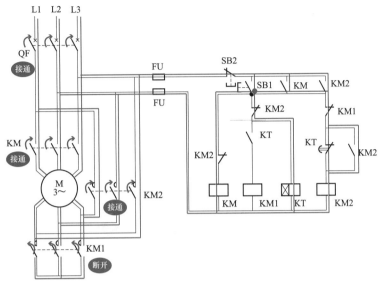

图 5-27 电动机 M 绕组接成△运转控制过程

（3）电动机停止控制过程（见图 5-28）。按下停止按钮 SB2，控制主回路电源断开，交流接触器、时间继电器、各自触点复位，电动机 M 断电停止运转。

专 家 提 示

　　该电路可避免电动机因时间继电器 KT 线圈断线或机械故障卡住无法动作，而导致启动后绕组一直处于 Y 连接下运转，甚至带负荷运转，这时，电动机 M 可能发生堵转而烧毁。该电路适用于工作环境较差，容易有时间继电器线圈断线或机械故障等场合的使用。

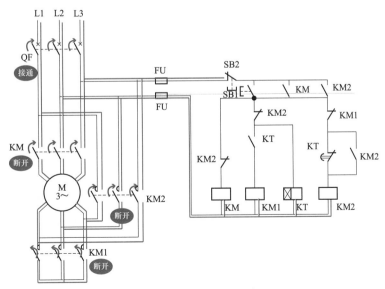

图 5-28 电动机停止控制过程

第6章
电动机制动控制电路的识读技巧

1 短接制动控制电路的识读技巧

📖 **电路结构特点的识读**

短接制动控制电路结构特点的识读，如图6-1所示。

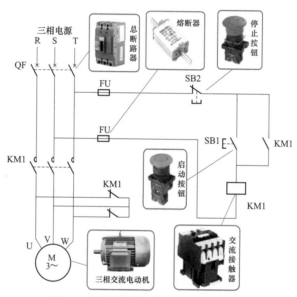

图6-1 短接制动控制电路结构特点的识读

📖 **电路控制过程的识读分析**

（1）电动机启动电路控制过程的识读分析（见图6-2）。合上电源开关 QF（断路器），按下启动按钮 SB1，交流接触器 KM1 线圈通电，主触点 KM1 闭合，动合辅助触点 KM1 闭合自锁，动断触点 KM1 断开，电动机 M 正转运转。

（2）电动机制动停转控制过程（见图6-3）。按下停止按钮 SB2，交流接触器 KM1 线圈断电，主触点 KM1 断开，动断触点 KM1 闭合，电动机 M 断电。这时转子因惯性作用而继续转动。由于转子存在剩磁，会形成旋转磁场，并切割定子绕组，于是在定子绕组中出现感应电动势，又因定子绕组被动断触点 KM1 短接，定子绕组回路中出现感应电流，感应电流与旋转磁场相互作用，产生转矩，电动机制动停转。

专家提示

因电动机功率较小，制动时感应电流小于空载启动电流，且感应电流存在时间短，接触器动断触点短接定子绕组比较安全。该电路适合小容量、高转速对制动要求不高的电动机制动。

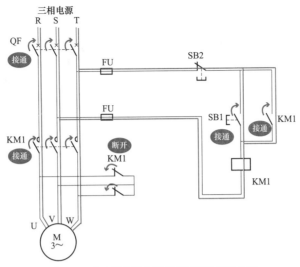

图 6-2　电动机启动电路控制过程的识读分析

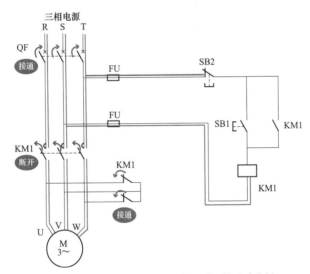

图 6-3　电动机制动停转电路控制过程的识读分析

2 运行中机械制动控制电路的识读技巧

📖 **电路结构特点的识读**

运行中机械制动控制电路结构特点的识读，如图 6-4 所示。

📖 **电路控制过程的识读分析**

（1）电动机启动电路控制过程的识读分析（见图 6-5）。合上电源开关 QF（断路器），按下启动按钮 SB，交流接触器 KM1 线圈通电，主触点 KM1 闭合，动合辅助触点 KM1 闭合自锁，电动机 M 通电运转。

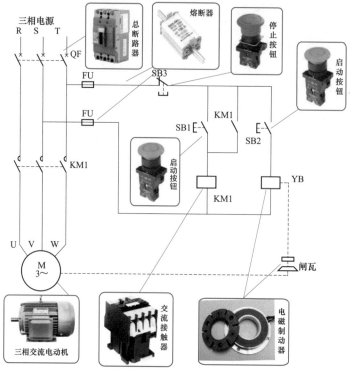

图6-4 运行中机械制动控制电路结构特点的识读

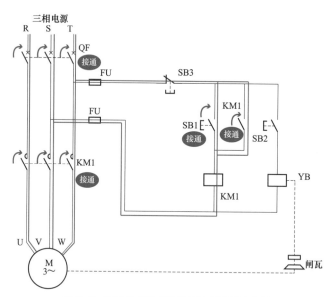

图6-5 电动机启动电路控制过程的识读分析

（2）运行中机械制动控制电路（见图6-6）。运行时若需要制动，按下按钮SB2，电磁制动器线圈YB通电，衔铁吸合，机械机构拉紧闸瓦制动，电动机减速停止。松开按钮SB2，机械机构在弹簧的弹力作用下拉回原位，电动机继续运转。

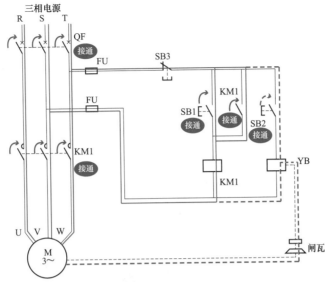

图 6-6　运行中机械制动控制电路的识读分析

（3）电动机停止控制过程（见图 6-7）。按下停止按钮 SB3，控制主回路断开，触点复位，电动机停止运转。

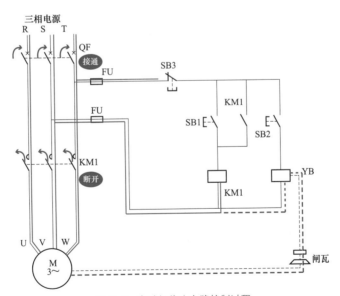

图 6-7　电动机停止电路控制过程

3　单相整流能耗制动电路的识读技巧

📖 电路结构特点的识读

单相整流能耗制动电路结构特点的识读，如图 6-8 所示。

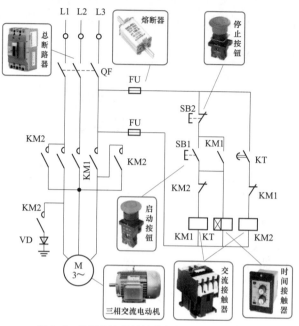

图 6-8　单相整流能耗制动电路结构特点的识读

📖 **电路控制过程的识读分析**

（1）电动机启动控制过程（见图 6-9）。合上电源开关 QF（断路器），按下启动按钮 SB1，交流接触器 KM1 线圈通电，主触点 KM1 闭合，动合辅助触点 KM1 闭合自锁，动断辅助触点 KM1 断开，电动机运转。同时时间继电器 KT 线圈也通电，延时断开触点 KT 闭合。

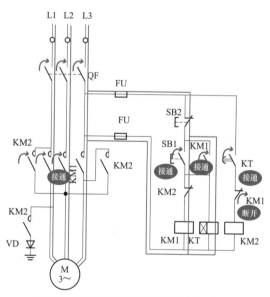

图 6-9　电动机启动电路控制过程的识读分析

（2）单相整流能耗制动控制过程（见图 6-10）。当需停止时，按下停止按钮 SB2，交流接触器 KM1 线圈断电，其触点复位，电动机断电。此时延时断开触点仍闭合，交流接触器 KM2 线圈通电，主触点 KM2 闭合，电源接到电动机两相绕组上，另一相经整流管接地。当达到时间继电器设定时间后，延时断开触点 KT 断开，交流接触器 KM2 线圈断电，触点复位，电动机停止运转。

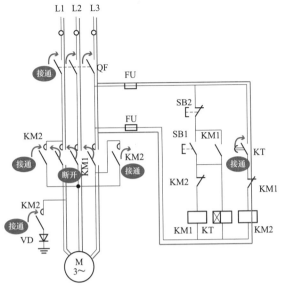

专 家 提 示

定子绕组与电源断开后，在一相定子绕组上接一个直流电源，定子绕组形成一个静态磁场，转子旋转产生感应电动势，这时，转子的感应电流与静态磁场形成转矩使三相异步电动机转子迅速停止转动。该电路结构简单，适合功率在 10kW 以下的电动机，制动平稳、准确。

图 6-10 单相整流能耗制动电路控制过程的识读分析

4 电动机电容—电磁制动控制电路的识读技巧

📖 电路结构特点的识读

电动机电容—电磁制动控制电路结构特点的识读，如图 6-11 所示。

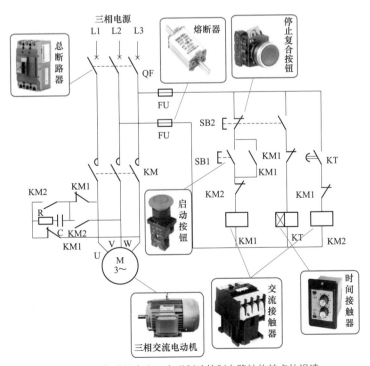

图 6-11 电动机电容—电磁制动控制电路结构特点的识读

📖 **电路控制过程的识读分析**

（1）电动机启动控制过程（见图 6-12）。合上电源开磁 QF（断路器），按下启动按钮 SB1，交流接触器 KM1 线圈通电，主触点 KM1 闭合，动合辅助触点 KM1 闭合自锁，电动机 M 运转。

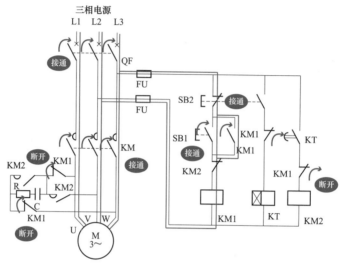

图 6-12　电动机启动电路控制过程的识读分析

（2）电动机电容—电磁制动控制过程。电动机电容—电磁制动控制过程的识读分析，如图 6-13 所示。当需要停止时，按下停止按钮 SB2，交流接触器 KM1 线圈断电，其触点复位，同时时间继电器 KT 线圈得电，延时动断触点 KT 闭合，交流接触器 KM2 线圈通电，动合触点 KM2 闭合，电动机的三相绕组被短接实现电磁制动，电动机迅速停止运转。

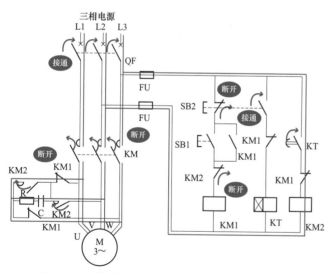

图 6-13　电动机电容—电磁制动电路控制过程的识读分析

> **专家提示**
>
> 该电路通过电容与电磁双重制动，达到使电动机断电后迅速停止运转目的。该电路适用于各种中、小功率电动机的制动。

5 速度原则控制全波整流正反转能耗制动控制电路的识读技巧

📖 **电路结构特点的识读**

速度原则控制全波整流正反转能耗制动控制电路结构特点的识读，如图 6-14 所示。

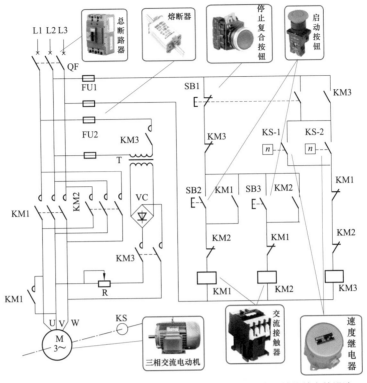

图 6-14　速度原则控制全波整流正反转能耗制动控制电路结构特点的识读

📖 **电路控制过程的识读分析**

（1）电动机正向运转控制过程（见图 6-15）。合上电源开关 QF（断路器），按下正向启动按钮 SB2，交流接触器 KM1 线圈通电，主触点 KM1 闭合，动合辅助触点 KM1 闭合自锁，动断辅助触点 KM1 断开，防止交流接触器 KM2、KM3 线圈通电，电动机 M 正向运转。

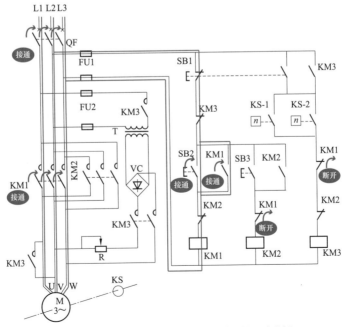

图 6-15　电动机正向运转电路控制过程的识读分析

（2）电动机能耗制动控制过程（见图 6-16）。当电动机转速较高时，速度继电器 KS 动合触点闭合。停止时，按下停止按钮 SB1，交流接触器 KM1 线圈断电，其触点复位，电动机 M 断电。这时，由于惯性仍继续运转。同时交流接触器 KM3 线圈得电，主触点 KM3 闭合，动合辅助触点 KM3 闭合自锁，动断辅助触点 KM3 断开，电动机 M 通入直流电能耗制动，电动机 M 转速迅速下降。当电动机转速下降至速度继电器 KS 的下限值时，KS 的动合触点复位断开，交流接触器 KM3 线圈断电，其触点复位，电动机 M 能耗制动完成，停止运转。

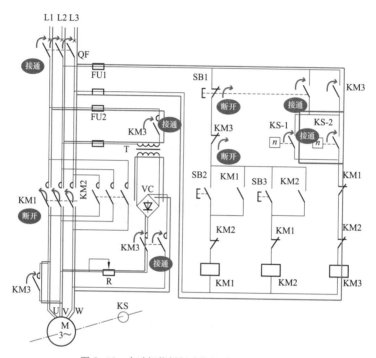

图 6-16　电动机能耗制动控制过程的识读分析

（3）电动机停止控制过程。按下反向启动按钮 SB3，电动机 M 通电反向运转，停止时按下停止按钮 SB1，电动机 M 能耗制动，迅速停止运转，具体工作过程与正向运转启动、停止类似。

　　该电路通过传动机构来反映电动机制动后的转速，最终使速度继电器动作来控制电动机的制动。该电路适用于可正反转的大功率电动机和制动频繁的生产机械驱动。

6　时间原则控制的全波整流能耗制动控制电路的识读技巧

📖 电路结构特点的识读

时间原则控制的全波整流能耗制动控制电路结构特点的识读，如图 6-17 所示。

📖 电路控制过程的识读分析

（1）电动机启动控制过程（见图 6-18）。合上电源开关 QF（断路器），按下启动按钮 SB2，交流接触器 KM1 线圈通电，主触点 KM1 闭合，动合辅助触点 KM1 闭合自锁，动断辅助触点 KM1 断开，防止交流接触器 KM2 线圈通电，电动机 M 运转。

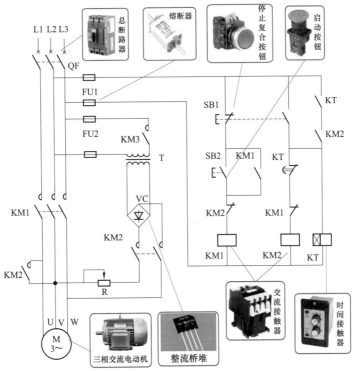

图 6-17　时间原则控制的全波整流能耗制动控制电路结构特点的识读

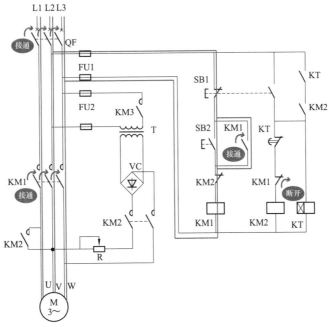

图 6-18　电动机启动电路控制过程的识读分析

　　（2）电动机能耗制动控制过程（见图 6-19）。需停止时，按下停止按钮 SB1，交流接触器 KM1 线圈断电，其触点复位，电动机 M 断电。由于惯性仍继续运转，同时交流接触器 KM2 与时间继电器 KT 线圈得电，主触点 KM2 闭合，动合辅助触点 KM2 闭合自锁，动断辅助触点 KM2 断开，电动机 M 接入直流电能耗制动。

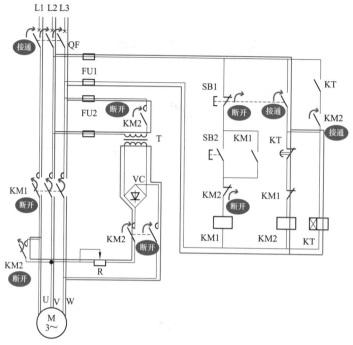

图 6-19　电动机能耗制动电路控制过程的识读分析

（3）电动机 M 能耗制动完毕并停止运转（见图 6-20）。电动机 M 转速迅速下降，当到达时间继电器 KT 所设定的时间后，延时动断触点 KT 断开，交流接触器 KM2，各自触点复位，电动机 M 能耗制动完毕并停止运转。

　　该电路通过时间继电器的延时动作来控制电动机的能耗制动时间。该电路适合电动机功率较大，负荷平稳和制动频繁的生产机械驱动。

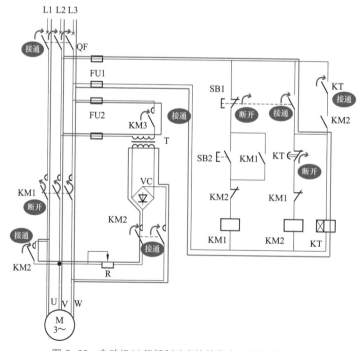

图 6-20　电动机 M 能耗制动完毕并停止运转的识读分析

7 断电机械制动控制电路的识读技巧

📖 电路结构特点的识读

断电机械制动控制电路结构特点的识读，如图 6-21 所示。

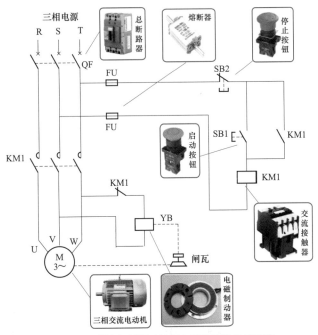

图 6-21 断电机械制动控制电路结构特点的识读

📖 电路控制过程的识读分析

（1）电动机启动控制过程（见图 6-22）。合上电源开关 QF（断路器），按下启动按钮 SB1，交流接触器 KM1 线圈通电，主触点 KM1 闭合，动合辅助触点 KM1 闭合自锁，电磁制动器线圈通电，带动机械机构松开闸瓦，电动机同时也通电正常运转。

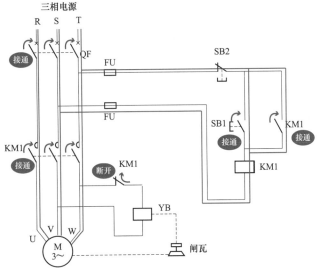

图 6-22 电动机启动电路控制过程的识读分析

（2）停止或断电制动停止控制过程（见图6-23）。停止或断电制动停止时，按下停止按钮
SB2，电动机M的主控制回路断电，交流接触器
KM1线圈失电，触点复位，电动机断电。此时，
因惯性继续转动，电磁制动器线圈断电，机械机构
因弹簧弹力重新将闸瓦紧扣到闸轮上，电动机制动
停止运转。

专家提示

该种电磁制动器定位准确，当电路故障时，
可迅速制动，安全性高。该电路适用在断电时必
须制动的升降或传动机械驱动（升降机、塔吊等）。

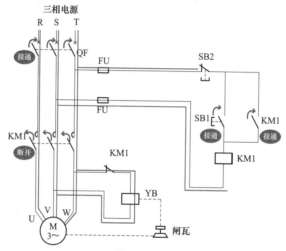

图6-23　停止或断电制动停止电路控制过程的识读分析

8　电动机反接制动控制电路的识读技巧

📖 **电路结构特点的识读**

电动机反接制动控制电路结构特点的识读，如图6-24所示。

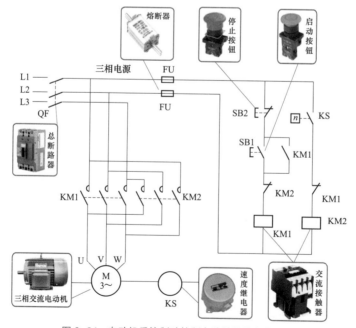

图6-24　电动机反接制动控制电路结构特点的识读

📖 **电路控制过程的识读分析**

（1）电动机启动控制过程（见图6-25）。合上电源开关QF（断路器），按下启动按钮SB1，交流接触器KM1线圈通电，主触点KM1闭合，动合辅助触点KM1也闭合自锁，电动机M运转。此时电动机M带动速度继电器KS一起转动，当转速达到120r/min以上时，动合触点KS闭合，因KM1的动断触点断开，交流接触器KM2不能通电。

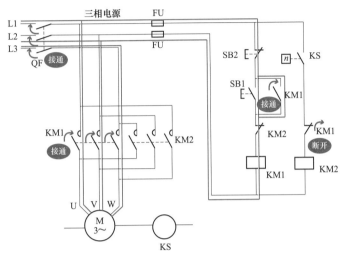

图6-25 电动机启动电路控制过程的识读分析

（2）电动机反接制动控制过程（见图6-26）。如需停止，按下停止按钮SB2，交流接触器KM1线圈断电，触点复位，电动机断电。此时速度继电器KS因电动机惯性跟随转动，其动合触点KS尚未断开，而KM1动断触点复位闭合，故交流接触器KM2线圈通电，电动机反转。此时电动机M转速急速下降，当达到100r/min以下，速度继电器动合触点KS断开，交流接触器KM2线圈断电，其触点复位，电动机便停止运转。

专家提示

该电路制动时，振动和冲击力大，不适合机床生产。速度继电器出厂时通常设定120r/min动作，100r/min以下时触点复位。该电路简单可靠，适合小功率且启动、制动不频繁的生产机械的驱动。

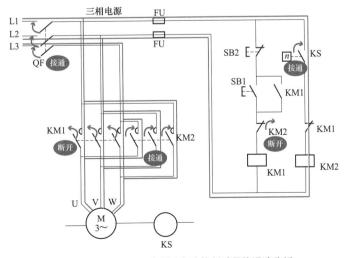

图6-26 电动机反接制动电路控制过程的识读分析

9 电容制动控制电路的识读技巧

电路结构特点的识读

电容制动控制电路结构特点的识读，如图 6-27 所示。

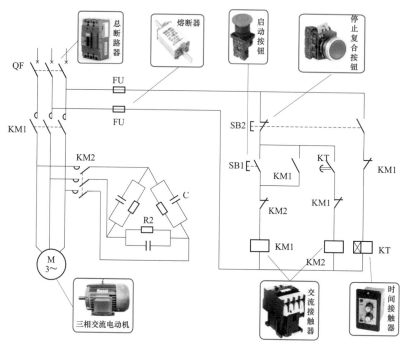

图 6-27 电容制动控制电路结构特点的识读

电路控制过程的识读分析

（1）电动机启动控制过程（见图 6-28）。合上电源开关 QF（断路器），按下启动按钮 SB1，交流接触器 KM1 线圈通电，主触点 KM1 闭合，动合辅助触点 KM1 闭合自锁，电动机正常运转。

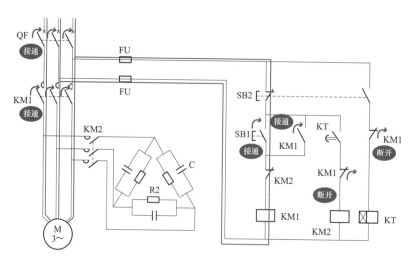

图 6-28 电动机启动电路控制过程的识读分析

（2）电动机的停止控制过程（见图 6-29）。当需要停止时，按下停止按钮 SB2，交流接触器 KM1 线圈失电，触点复位，电动机断电。

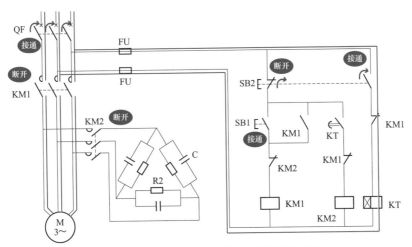

图 6-29 电动机的停止电路控制过程的识读分析

（3）电动机的电容制动控制（见图 6-30）。此时，因惯性电动机继续运转，时间继电器 KT 线圈通电，延时断开触点 KT 闭合。当松开 SB2 时，交流接触器 KM2 线圈通电，主触点 KM2 闭合，三只电容并联在定子绕组上，因转子惯性产生的电动势向电容 C 充电，电容器电流形成磁场，电动机发生制动，时间继电器 KT 延时断开，交流接触器 KM2 线圈断电，触点复位。

专家提示

电容制动具有能量自给，线路简单等优点。但对电容器容量要求较大。该制动方式适合于 10kW 以下小功率电动机的制动。

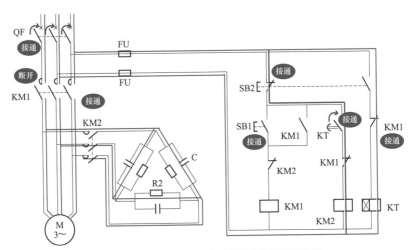

图 6-30 电动机的电容制动控制电路的识读分析

10 电磁阀制动控制电路的识读技巧

📖 电路结构特点的识读

电磁阀制动控制电路结构特点的识读，如图 6-31 所示。

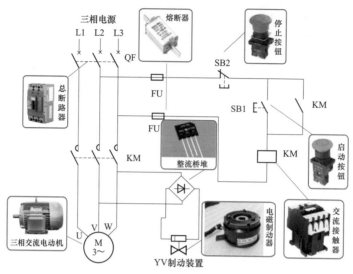

图6-31 电磁阀制动控制电路结构特点的识读

电路控制过程的识读分析

（1）电动机启动控制过程（见图6-32）。合上电源开关 QF（断路器），按下启动按钮 SB1，交流接触器 KM 线圈得电，主触点 KM 闭合，动合辅助触点 KM 闭合，电动机通电，同时电磁阀制动装置也通电放松，电动机 M 运转。

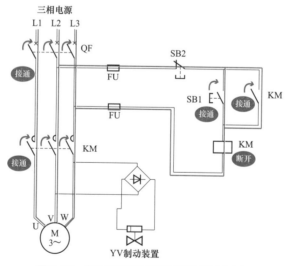

图6-32 电动机启动电路控制过程的识读分析

（2）电磁阀制动控制过程（见图6-33）。按下停止按钮 SB2，交流接触器 KM 线圈断电，各触点复位，主电路电源断开，电磁阀也断电，电动机被电磁阀制动装置卡住而完成制动。

该电路适用于小功率，启动频繁的机械制动。

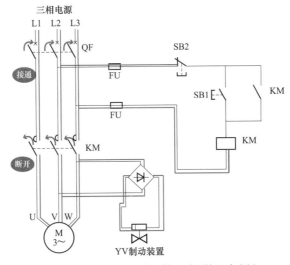

图 6-33 电磁阀制动电路控制过程的识读分析

11 不对称电阻反接制动控制电路的识读技巧

📖 电路结构特点的识读

不对称电阻反接制动控制电路结构特点的识读，如图 6-34 所示。

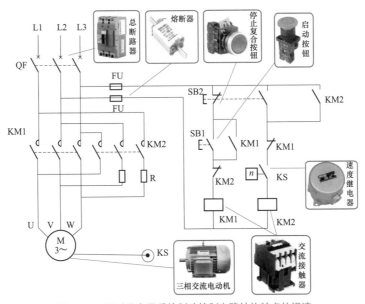

图 6-34 不对称电阻反接制动控制电路结构特点的识读

📖 电路控制过程的识读分析

（1）电动机启动控制过程（见图 6-35）。合上电源开关 QF（断路器），按下启动按钮 SB1，交流接触器 KM1 线圈通电，主触点 KM1 闭合，动合辅助触点 KM1 闭合自锁，动断辅助触点 KM1 断开联锁，以防止交流接触器 KM2 线圈得电，电动机 M 运转。

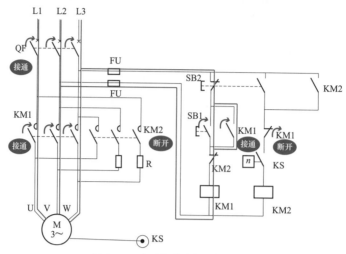

图 6-35　电动机启动电路控制过程

（2）电动机不对称电阻反接制动控制过程（见图 6-36）。当电动机需制动停止时，按下停止按钮 SB2，交流接触器 KM1 线圈断电，触点复位，电动机 M 断电，但由于惯性继续运转。同时，交流接触器 KM2 线圈通电，主触点 KM2 闭合，动合辅助触点 KM2 闭合自锁，电动机 M 串入不对称电阻 R 反接制动，速度很快下降至停止。速度继电器动断触点 SR 断开，交流接触器 KM2 线圈断电，触点复位，电动机 M 制动完成。

专家提示

不对称电阻反接制动，只限制转动力矩，没有加电阻的一相，仍有较大的制动电流。该电路简单、但能耗大、准确度差。该电路适合电动机容量较小，制动不频繁的生产场合。

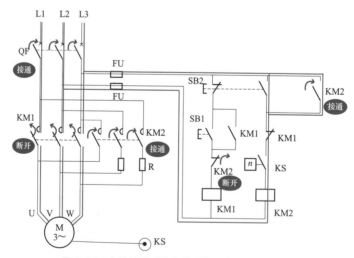

图 6-36　电动机不对称电阻反接制动电路控制过程

12　时间原则控制全波整流正反转能耗制动控制电路的识读技巧

电路结构特点的识读

时间原则控制全波整流正反转能耗制动控制电路结构特点的识读，如图 6-37 所示。

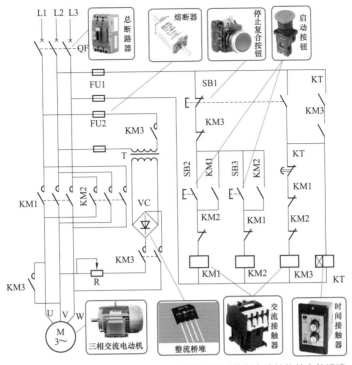

图 6-37　时间原则控制全波整流正反转能耗制动控制电路结构特点的识读

📖 **电路控制过程的识读分析**

（1）电动机 M 正向运转控制过程（见图 6-38）。合上电源开关 QF（断路器），按下正向启动按钮 SB2，交流接触器 KM1 线圈通电，主触点 KM1 闭合，动合辅助触点 KM1 闭合自锁，动断辅助触点 KM1 断开，防止交流接触器 KM2、KM3 线圈得电，电动机 M 正向运转。

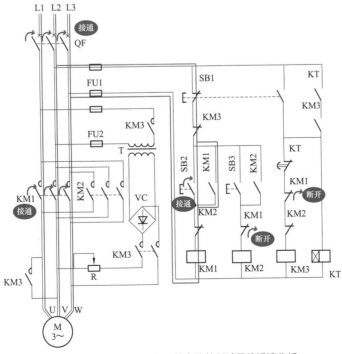

图 6-38　电动机 M 正向运转电路控制过程的识读分析

（2）电动机能耗制动控制过程（见图6-39）。停止时，按下停止按钮SB1，交流接触器KM1线圈断电，其触点复位，电动机M断电，由于惯性仍继续运转。同时，交流接触器KM3与时间继电器KT线圈通电，主触点KM3闭合，动合辅助触点KM3闭合自锁，动断辅助触点KM3断开，此时，动合触点KT闭合，电动机M接入直流电能耗制动，电动机M转速迅速下降，当到达时间继电器KT所设定的时间后，延时动断触点KT断开，交流接触器KM3和时间继电器KT的线圈断电，各自触点复位，电动机M能耗制动完毕，停止运转。

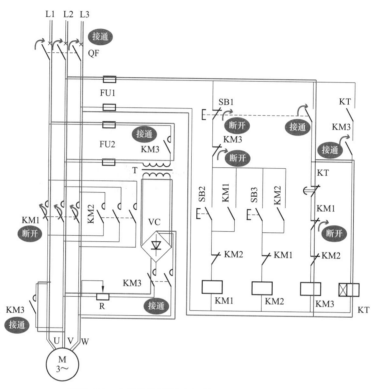

图6-39　电动机能耗制动电路控制过程的识读分析

（3）电动机停止控制过程（见图6-40）。按下反向启动按钮SB3，电动机M通电反向运转，需停止时，按下停止按钮SB1，电动机M能耗制动迅速停止运转，其具体工作过程与正向启动、停止类似。

专家提示

　　该电路通过时间继电器的延时动作，来控制其能耗制动的时间，以达到自行制动的目的。该电路适用于可正反转，负荷波动平稳且制动频繁的生产机械的驱动。

13 速度原则控制的全波整流能耗制动控制电路的识读技巧

📖 电路结构特点的识读

速度原则控制的全波整流能耗制动控制电路结构特点的识读，如图6-41所示。

📖 电路控制过程的识读分析

（1）电动机启动的电路控制过程（见图6-42）。合上电源开关QF（断路器），按下启动按

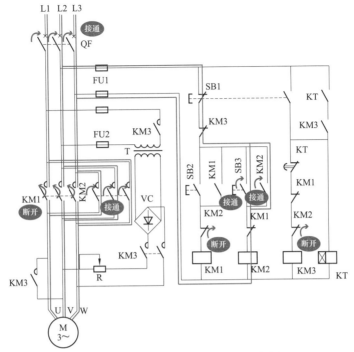

图 6-40　电动机停止电路控制过程的识读分析

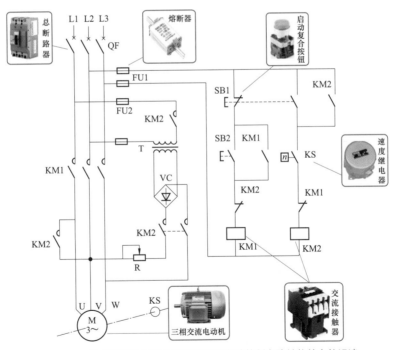

图 6-41　速度原则控制的全波整流能耗制动控制电路结构特点的识读

钮 SB2，交流接触器 KM1 线圈通电，主触点 KM 闭合，动合辅助触点 KM1 闭合自锁，动断辅助触点 KM1 断开，防止交流接触器 KM2 线圈得电，电动机 M 运转。

　　（2）电动机能耗制动电路控制过程（见图 6-43）。当电动机转速很高时，速度继电器 KS 动合触点闭合。停止时，按下停止按钮 SB1，交流接触器 KM1 线圈断电，其触点复位，电动机 M 断电。电动机由于惯性仍然继续运转，同时，交流接触器 KM2 线圈通电，主触点 KM2 闭合，动

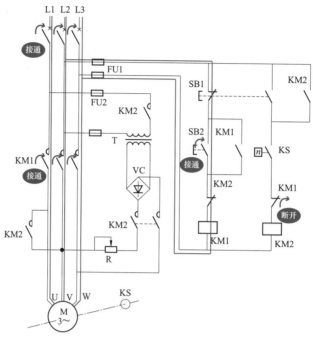

图 6-42　电动机启动电路控制过程的识读分析

合辅助触点 KM2 闭合自锁，动断辅助触点 KM2 断开，电动机 M 通入直流电能耗制动，电动机 M 转速迅速下降。当转速降至速度继电器 KS 的下限值时，KS 的动合触点复位断开，交流接触器 KM2 线圈断电，其触点复位，电动机 M 能耗制动完毕而停止运转。

　　该电路通过速度继电器的动作来控制能耗制动的完成。该电路适用于电动机需驱动功率较大且制动频繁的生产机械。

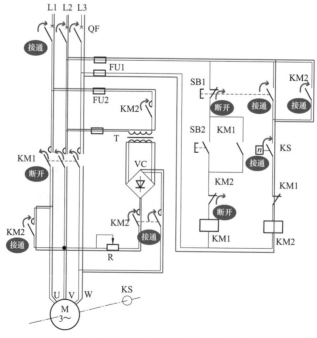

图 6-43　电动机能耗制动电路控制过程

第**7**章
电动机保护和节能电路的识读技巧

1 电动机热继电器保护电路的识读技巧

📖 电路结构特点的识读

电动机热继电器保护电路结构特点的识读，如图 7-1 所示。

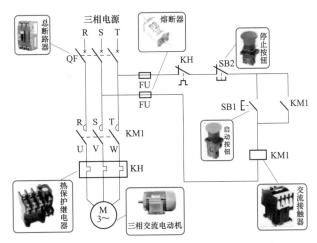

图 7-1　电动机热继电器保护电路结构特点的识读

📖 电路控制过程的识读分析

（1）电动机启动的电路控制过程（见图 7-2）。合上断路器 QF，按下启动按钮 SB1，交流接触器 KM1 线圈通电，主触点 KM1 闭合，动合辅助触点 KM1 闭合自锁，电动机正常运转。

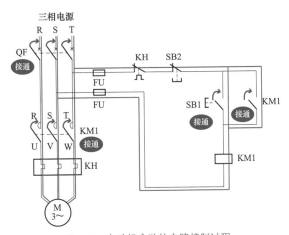

图 7-2　电动机启动的电路控制过程

（2）电动机热继电器保护电路的控制过程（见图 7-3）。电动机出现过负荷时，过负荷电流经过热继电器的电阻丝，热继电器的双金属片受热，然后膨胀弯曲、脱扣，弹簧拉动动断触点断开，KM1 线圈断电，KM1 主触点断开主电路及控制电路，起到保护电动机和交流接触器等设备的作用。

专家提示

因为热惯性，该电路中热继电器不适合短路保护，短路时电路应立即断开，热继电器不能马上动作。该电路应用十分广泛，适合所有三相异步电动机的过负荷保护。

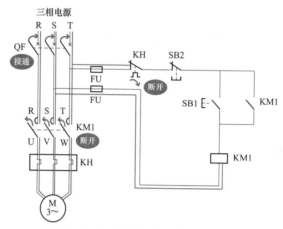

图 7-3 电动机热继电器保护电路的控制过程

2 电动机的浸水保护电路的识读技巧

📖 **电路结构特点的识读**

电动机的浸水保护电路结构特点的识读，如图 7-4 所示。

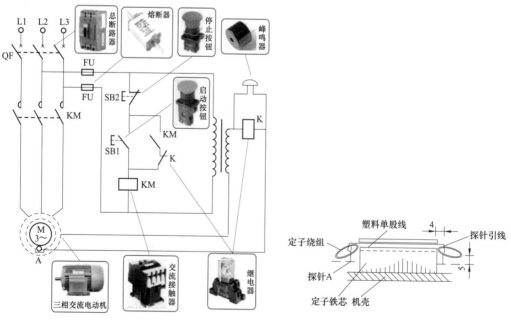

图 7-4 电动机的浸水保护电路结构特点的识读

 📖 **电路控制过程的识读分析**

（1）电动机启动的电路控制过程（见图 7-5）。合上断路器 QF，按下启动按钮 SB1，交流接触器 KM1 线圈通电，主触点 KM 闭合，动合辅助触点 KM 闭合自锁，电动机 M 正常运转。

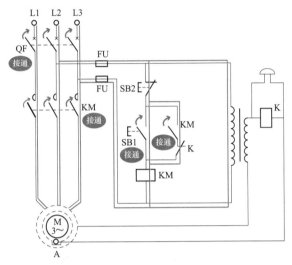

图 7-5　电动机启动的电路控制过程的识读分析

（2）电动机的浸水保护的电路控制过程（见图 7-6）。当有水进入电动机时，水位淹至电动机里的探针 A 时，探针 A 和机壳通过水和继电器 K 构成回路，动断触头 K 断开，交流接触器 KM 线圈断电，其触点复位，电动机停止运转，同时蜂鸣器报警。

专家提示

　该电路通过水接通外壳与探针电路，蜂鸣器报警，同时断开电动机控制电路并进行电动机的保护。该电路适合在雨水较多或离水池附近的电动机的保护。

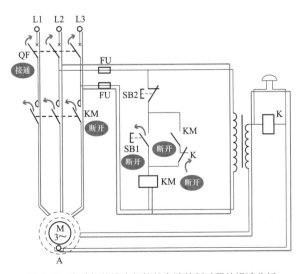

图 7-6　电动机的浸水保护的电路控制过程的识读分析

3 电动机 Y 连接断相保护电路的识读技巧

📖 电路结构特点的识读

电动机 Y 连接断相保护电路结构特点的识读,如图 7-7 所示。

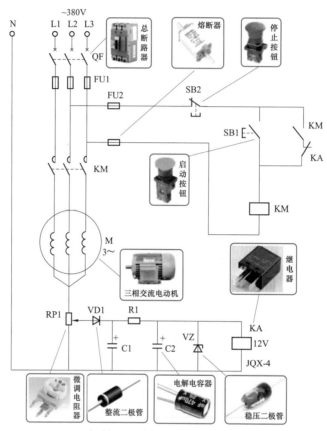

图 7-7 电动机 Y 连接断相保护电路结构特点的识读

📖 电路控制过程的识读分析

(1)电动机启动的电路控制过程(见图 7-8)。合上断路器 QF,按下启动按钮 SB1,交流接触器 KM 线圈通电,主触点 KM 闭合,动合辅助触点 KM 闭合自锁,电动机 M 正常运转。

(2)电动机 Y 连接断相保护的控制过程(见图 7-9)。若三相电源线有一相断开时,电动机的中性点会出现电位差,经过二极管 VD1 整流、稳压管稳压,使继电器 KA 动作,动断触点 KA 断开,交流接触器 KM 断电,触点复位,电动机断电,停止运转。

专家提示

电源断相后,三相电压的中性点偏移而出现电位差,该电位差通过整流、稳压使继电器动作,并切断电动机 M 控制电路,起到保护电动机的目的。该电路适合电动机运行时为 Y 连接的生产机械电路的保护。

4 电动机的缺相和混相保护电路的识读技巧

📖 电路结构特点的识读

电动机的缺相和混相保护电路结构特点的识读,如图 7-10 所示。

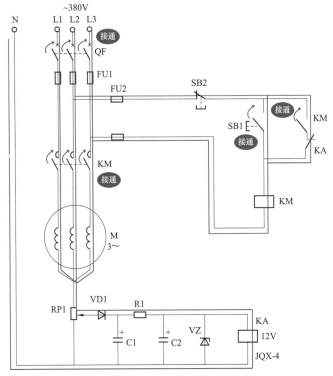

图 7-8 电动机启动的电路控制过程的识读分析

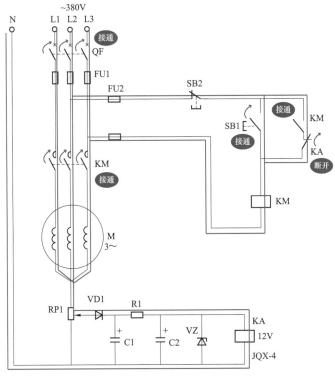

图 7-9 电动机 Y 连接断相保护的控制过程

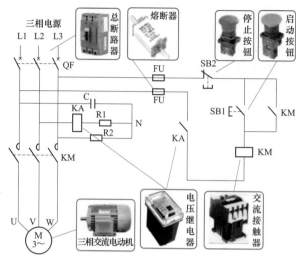

图 7-10　电动机的缺相和混相保护电路结构特点的识读

📖 **电路控制过程的识读分析**

（1）电动机启动的电路控制过程（见图 7-11）。合上断路器 QF，按下启动按钮 SB1，交流接触器 KM 线圈通电，主触点 KM 闭合，动合辅助触点 KM 闭合自锁，同时灵敏电压继电器 KA 两端的电压大于等于 216V 时，继电器动作，动合触点 KA 闭合，电动机正常运转。

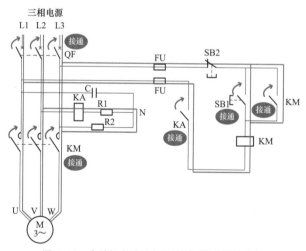

图 7-11　电动机启动的电路控制过程的识读分析

（2）电动机的缺相和混相保护的电路控制过程（见图 7-12）。当相序混乱时（如 L1、L3 或 L2 时），灵敏电压继电器两端电压仅 42V，继电器就不动作，从而进行混相保护，若 L1、L3 中某一相缺时，交流接触器无法通电，不能动作。L2 缺相时，继电器 KA 无法通电，也不能动作，从而实现缺相保护。

　　电动机 U、V、W 三相全部接通且相序正确时，继电器 KA 动作，电动机才能正常运转，保护性能较好。该电路适用于各种常用电动机的缺相和混相保护。

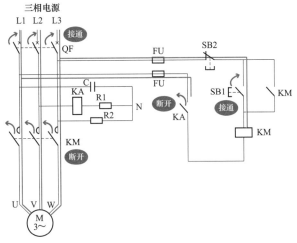

图 7-12 电动机的缺相和混相保护的电路控制过程的识读分析

5 中间继电器断相保护电路的识读技巧

📖 电路结构特点的识读

中间继电器断相保护电路结构特点的识读，如图 7-13 所示。

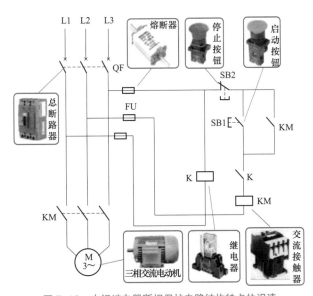

图 7-13 中间继电器断相保护电路结构特点的识读

📖 电路控制过程的识读分析

（1）电动机启动的电路控制过程（见图 7-14）。合上电源开关 QF（断路器），中间继电器 K 线圈通电，动合触点 K 闭合，按下启动按钮 SB1，交流接触器 KM 线圈通电，主触点 KM 闭合，动合辅助触点 KM 闭合自锁，电动机 M 正常运转。

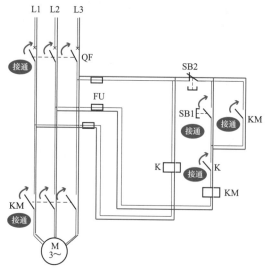

图 7-14　电动机启动的电路控制过程的识读分析

（2）电动机停止的电路控制过程（见图 7-15）。当需要停止时，按下停止按钮 SB2，交流接触器 KM 线圈断电，其触点复位，电动机 M 断电，停止运转。

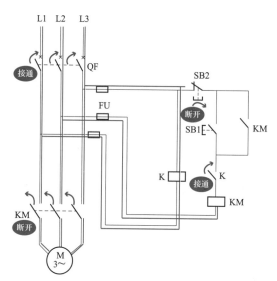

图 7-15　电动机停止的电路控制过程的识读分析

（3）中间继电器断相保护的控制过程。

1）电源 L1 断相。当 L1 断相时，中间继电器 K 线圈断电，其触点复位，交流接触器 KM 线圈断电，其触点复位，电动机 M 断电，停止运转。电源 L1 断相时的保护控制过程，如图 7-16 所示。

2）电源 L2 或 L3 断相。电源 L2 或 L3 断相时，交流接触器 KM 线圈断电，其触点复位，电动机 M 断电，停止运转，从而对电动机 M 完成断相保护。电源 L3 断相时的保护控制过程，如图 7-17 所示。

专家提示

　　该电路在电源的三相中都接入控制电路，若其中一相断开，电动机便停止运转，从而保护电动机不缺相运行。该电路常用于重载电动机的断相保护。

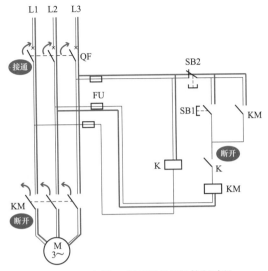

图 7-16　电源 L1 断相时的保护控制过程

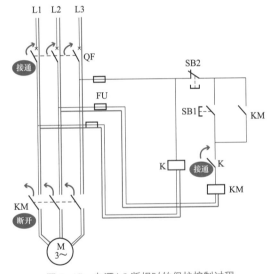

图 7-17　电源 L3 断相时的保护控制过程

6 电动机零序电压继电器保护电路的识读技巧

📖 **电路结构特点的识读**

电动机零序电压继电器保护电路结构特点的识读，如图 7-18 所示。

📖 **电路控制过程的识读分析**

（1）电动机启动的电路控制过程（见图 7-19）。合上电源开关 QF（断路器），按下启动按钮 SB1，交流接触器 KM 线圈通电，主触点 KM 闭合，动合辅助触点 KM 闭合自锁，电动机 M 正常运转。

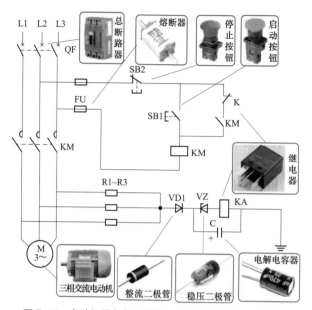

图 7-18 电动机零序电压继电器保护电路结构特点的识读

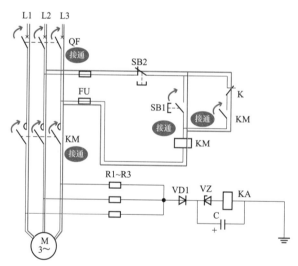

图 7-19 电动机启动的电路控制过程的识读分析

（2）电动机零序电压继电器保护的电路控制过程（见图 7-20）。通过三只电阻把绕组接成△，

当电源线 L1、L2、L3 三相中有一相断相时，则会
造成电动机中性点的电位偏移，并与地零电位存在
电位差，而导致继电器 K 线圈通电，动断触点 K
断开，交流接触器 KM 线圈断电，其触点复位，电
动机 M 断电停止运转。

　　应根据实际需要选择电阻 R1、R2、R3 的
阻值。该电路适用于各种常用电动机的断相保护。

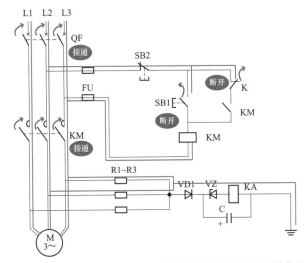

图 7-20 电动机零序电压继电器保护的电路控制过程的识读分析

7 电压继电器 Y 连接电动机保护电路的识读技巧

📖 **电路结构特点的识读**

电压继电器 Y 连接电动机保护电路结构特点的识读，如图 7-21 所示。

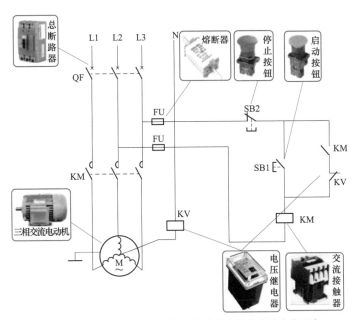

图 7-21 电压继电器 Y 连接电动机保护电路结构特点的识读

📖 **电路控制过程的识读分析**

（1）电动机启动的控制过程。电动机启动的电路控制过程的识读分析，如图 7-22 所示。

合上电源开关 QF（断路器），按下启动按钮 SB1，交流接触器 KM 线圈通电，主触点 KM 线圈闭合，动合辅助触点 KM 闭合自锁，电动机 M 正常运转。

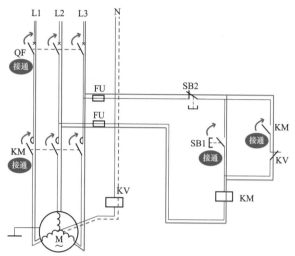

图 7-22　电动机启动的电路控制过程的识读分析

（2）电压继电器 Y 连接电动机保护的电路控制过程（见图 7-23）。三相电源线 L1、L2、L3 若有其中一相断相，则中性点电压将会升高，接在中性点的电压继电器 KV 动作，动断触点 KV 断开，交流接触器 KM 线圈断电，其触点复位，电动机 M 电，停止运转。

专家提示

电动机某相断相时，导致电压继电器动作，而切断电动机主电路，可保护电动机的安全。该电路适合中、小功率绕组 Y 连接的电动机保护。

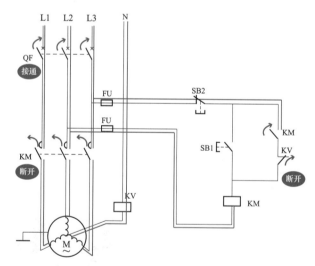

图 7-23　电压继电器 Y 连接电动机保护的电路控制过程的识读分析

8　电动机微电脑保护器保护电路的识读技巧

📖 电路结构特点的识读

电动机微电脑保护器保护电路结构特点的识读，如图 7-24 所示。

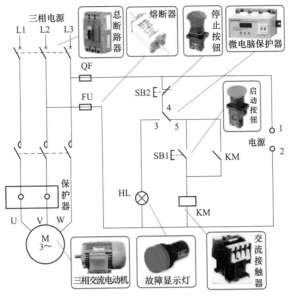

图 7-24　电动机微电脑保护器保护电路结构特点的识读

📖 **电路控制过程的识读分析**

（1）电动机启动的电路控制过程（见图 7-25）。合上电源开关，按下启动按钮 SB1，交流接触器 KM 线圈通电，主触点 KM 闭合，动合辅助触点 KM 闭合自锁，电动机 M 正常运转。

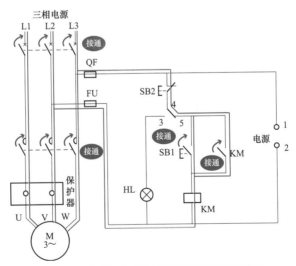

图 7-25　电动机启动的电路控制过程的识读分析

（2）电动机微电脑保护器保护的电路控制过程（见图 7-26）。当 L1 断相等故障发生时，保护器触点 4、5 断开，3、4 闭合，电动机 M 断电，停止运转，故障显示灯 HL 亮。

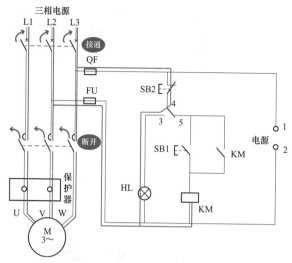

图 7-26 电动机微电脑保护器保护的电路控制过程的识读分析

若有定时停机功能时，按下 SB1 按钮，电动机 M 通电运转，定时时间到达后，保护器触点 4、5 断开 2s，电动机 M 断电，停止运转。

若有欠电流功能时，电动机 M 通电运转后，若保护器检测电流小于设定的欠载电流时，保护器延时 10s 后，触点 4、5 断开，3、4 闭合，电动机 M 断电，停止运转，故障显示灯 HL 亮。

专家提示

电动机微电脑保护器是以微电脑控制器为核心元件，通过高精度电流互感器检测电流进行数模转换，再经过微处理器进行处理和判断，从而有效地保护电动机。具有过负荷、断相、堵转、短路三相不平衡等故障保护作用，同时还兼具欠负荷保护，定时停机等功能。该电路广泛用于机床、冶金、化工、纺织等行业电动机的保护。

9 电压继电器对△连接电动机保护电路的识读技巧

电路结构特点的识读

电压继电器对△连接电动机保护电路结构特点的识读，如图 7-27 所示。

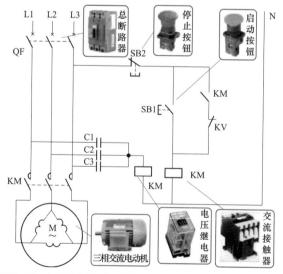

图 7-27 电压继电器对△连接电动机保护电路结构特点的识读

📖 **电路控制过程的识读分析**

（1）电动机启动的电路控制过程（见图 7-28）。合上电源开关 QF（断路器），按下启动按钮 SB1，交流接触器 KM 线圈通电，主触点 KM 闭合自锁，电动机 M 得电运转。

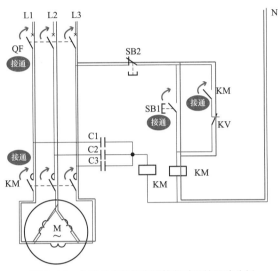

图 7-28　电动机启动的电路控制过程的识读分析

（2）电压继电器对△连接电动机保护的电路控制过程（见图 7-29）。三个等值电容接成 Y 连接与电动机并联，在 Y 连接的中性点串联有电压继电器。当电动机正常运转时，中性点电压通常小于 10V，若电源线 L1、L2、L3 其中一相断相，其中性点电压升高，电压继电器动作，动断触点 KV 断开，交流接触器 KM 线圈断电，其触点复位，电动机 M 断电，停止运转。

> 专家提示
>
> 电动机断相时，其中性点的电压大小与负荷有关，其变化范围为 10～50V，负荷越重，电压越高，但与电动机功率关系不大。该电路适用于中、小功率且绕组△连接的电动机保护。

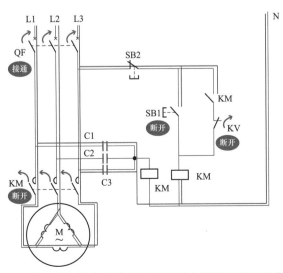

图 7-29　电压继电器对△连接电动机保护的电路控制过程的识读分析

10 欠电流继电器断相保护电路的识读技巧

📖 **电路结构特点的识读**

欠电流继电器断相保护电路结构特点的识读，如图7-30所示。

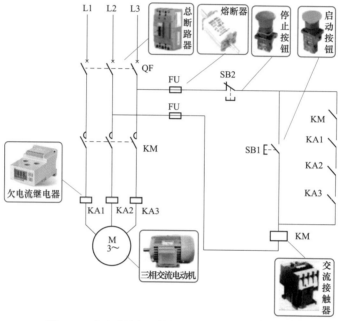

图7-30 欠电流继电器断相保护电路结构特点的识读

📖 **电路控制过程的识读分析**

（1）电动机启动的电路控制过程（见图7-31）。合上电源开关QF（断路器），按下启动按钮SB1，交流接触器KM线圈通电，主触点KM闭合，动合辅助触点KM闭合自锁，欠电流继电器KA1、KA2、KA3线圈同时通电，动合触点KA1、KA2、KA3闭合，电动机M通电运转。

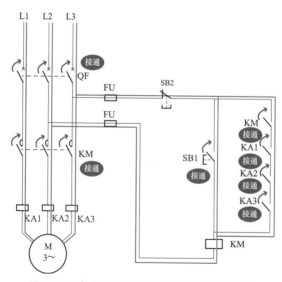

图7-31 电动机启动的电路控制过程的识读分析

（2）电动机欠电流继电器断相保护的电路控制过程（见图 7-32）。若电源线 L1 断相时，接在 L1 相的欠电流继电器 KA1 线圈断电，其触点复位，交流接触器 KM 线圈断电，其触点复位，电动机 M 断电停止运转。

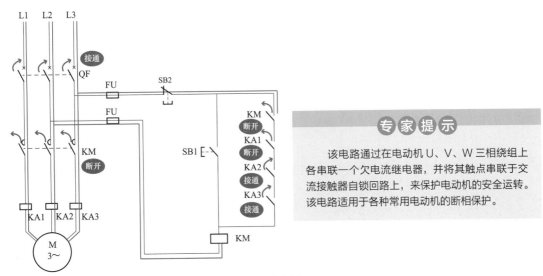

专家提示

该电路通过在电动机 U、V、W 三相绕组上各串联一个欠电流继电器，并将其触点串联于交流接触器自锁回路上，来保护电动机的安全运转。该电路适用于各种常用电动机的断相保护。

图 7-32　电动机欠电流继电器断相保护的电路控制过程的识读分析

电源线 L2 或 L3 相断线时，相应的欠电流继电器 KA2、KA3 断电，其触点复位，而导致交流接触器 KM 线圈断电，触点复位，电动机 M 断电，停止运转，从而对电动机完成断相保护。

11 电动机 Y 连接零序电压保护电路的识读技巧

📖 电路结构特点的识读

电动机 Y 连接零序电压保护电路结构特点的识读，如图 7-33 所示。

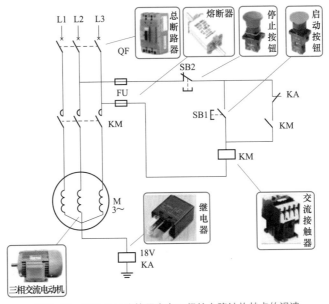

图 7-33　电动机 Y 连接零序电压保护电路结构特点的识读

📖 **电路控制过程的识读分析**

（1）电动机启动的电路控制过程（见图 7-34）。合上电源开关 QF（断路器），按下启动按钮 SB1，交流接触器 KM 线圈通电，主触点 KM 闭合，动合辅助触点 KM 闭合自锁，电动机 M 得电运转。

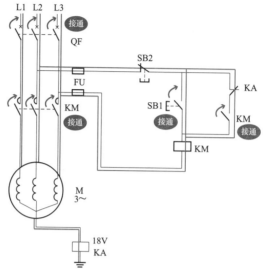

图 7-34　电动机启动的电路控制过程的识读分析

（2）电动机 Y 连接零序电压保护的电路控制过程（见图 7-35）。因为 Y 连接的电动机绕组的中性点对地电压为零，在中性点与地之间串接一个 18V 的继电器 KA，当电源线 L1、L2、L3 三相中有一相断相时，则会造成电动机绕组中性点电位的偏移，从而与地零电位点存在电位差，而使继电器 KA 线圈通电。这时动断触点 KA 断开，交流接触器 KM 线圈也断电，各触点复位，电动机 M 断电，停止运转。

专家提示

在绕组 Y 连接的中性点处与地间接一个继电器 KA，若断相时，因中性点偏移而继电器动作，切断电动机主电路，从而保护电动机的安全。该电路适用于各种常用电动机绕组 Y 连接的断相保护。

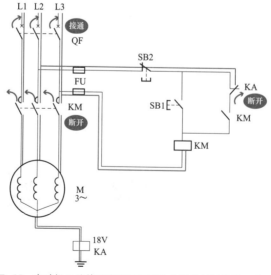

图 7-35　电动机 Y 连接零序电压保护的电路控制过程的识读分析

12 电动机电子继电器保护电路的识读技巧

📖 **电路结构特点的识读**

电动机电子继电器保护电路结构特点的识读，如图 7-36 所示。

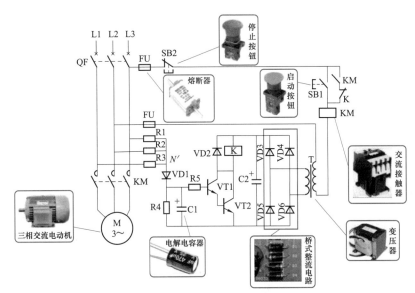

图 7-36 电动机电子继电器保护电路结构特点的识读

📖 **电路控制过程的识读分析**

（1）电动机启动的电路控制过程（见图 7-37）。合上电源开关 QF（断路器），按下启动按钮 SB1，交流接触器 KM 线圈通电，主触点 KM 闭合，动合辅助触点 KM 闭合自锁，电动机 M 运转。

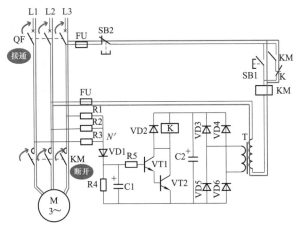

图 7-37 电动机启动的电路控制过程的识读分析

（2）电动机电子继电器保护电路的控制过程（见图 7-38）。三个等放电阻（R1、R2、R3）接成 Y 连接后与电动机并联，电动机正常运转时，中性点电压值不高，二极管 VD1 不导通，三极管 VT1、VT2 截止，继电器 K 处于无电状态。当电源 L1、L2、L3 其中一相断相时，中性点电压升高，经二极管 VD1 整流，三极管 VT1、VT2 导通，继电器 K 线圈得电，动断触点 K 断开，交流接触器 KM 线圈断电，其触点复位，电动机 M 断电，停止运转。

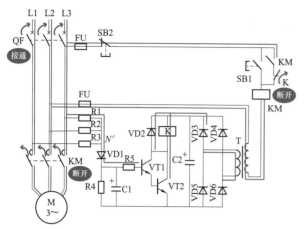

图 7-38 电动机电子继电器保护的电路控制过程的识读分析

专家提示

电动机某相绕组断相时，引起电子继电器动作，而切断电动机主电路，可保护电动机的安全。该电路适用于各种常用电动机的断相保护。

13 电流互感器和继电器保护电路的识读技巧

📖 电路结构特点的识读

电流互感器和继电器保护电路结构特点的识读，如图 7-39 所示。

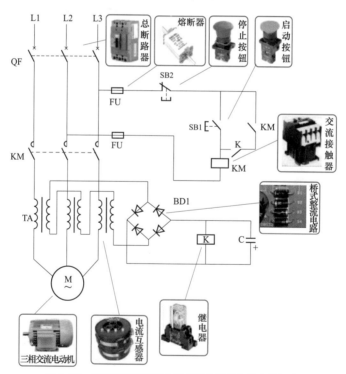

图 7-39 电流互感器和继电器保护电路结构特点的识读

📖 电路控制过程的识读分析

（1）电动机启动的电路控制过程（见图 7-40）。合上电源 QF（断路器），按下启动按钮 SB1，交流接触器 KM 线圈通电，主触点 KM 闭合，动合辅助触点闭合自锁。速饱和电流互感器 TA，其一侧边串接在主电路上，另一侧首位串联成开口三角形，当电源电流三相相等时，电流互感器 TA 产生的 3 倍频电压,经桥堆整流和电容器 C 滤波,使灵敏继电器 K 动作,动合触点 K 闭合,电动机 M 正常运转。

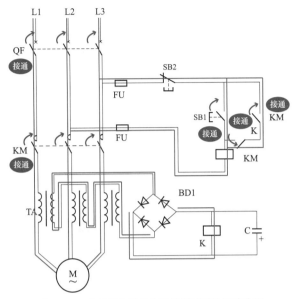

图 7-40　电动机启动的电路控制过程的识读分析

（2）电流互感器和继电器保护的电路控制过程（见图 7-41）。若 L1、L2、L3 其中一相断电时，其余两相的线电流相位相反，其合成电流为零，灵敏继电器 K 复位，动合触点 K 复位断开，交流接触器 KM 线圈断电，其触点复位，电动机 M 断电，停止运转，从而对电动机 M 提供有效的保护。

专家提示

电动机其中一相断相时，继电器 K 不能动作而对电动机进行保护。该电路适用于各种常用电动机的断相保护。

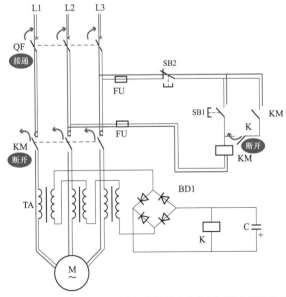

图 7-41　电流互感器和继电器保护的电路控制过程的识读分析

第**8**章

直流电动机控制电路的识读技巧

1 速度原则启动直流电动机控制电路的识读技巧

📖 电路结构特点的识读

速度原则启动直流电动机控制电路结构特点的识读，如图 8-1 所示。

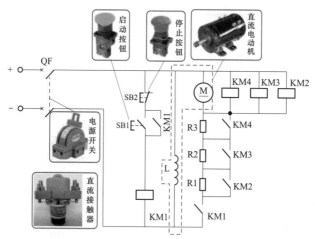

图 8-1 速度原则启动直流电动机控制电路结构特点的识读

📖 电路控制过程的识读分析

（1）电动机启动的电路控制过程（见图 8-2）。合上电源开关 QF（断路器），交流接触器 KM1 线圈得电，动合触点 KM1 闭合自锁。电动机串联电阻（R1、R2、R3）开始启动，电动机 M 转速上升，反电动势增加，电动机两端的电压逐渐升高，交流接触器 KM2、KM3、KM4 连接触点闭合，电阻 R1、R2、R3 被短接，电动机 M 全压启动。

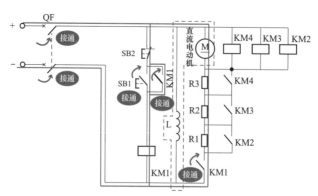

图 8-2 电动机启动的电路控制过程的识读分析

（2）电动机停止的电路控制过程（见图 8-3）。当需要停止时，按下停止按钮 SB2，交流接触器 KM1 线圈断电，各触点复位，电动机 M 停止运转。

专家提示

交流接触器 KM2、KM3、KM4，应根据直流电动机的工作需要选择其线圈的吸合电压，且必须满足 $U_{KM2}<U_{KM3}<U_{KM4}$ 条件。该电路适用于各种直流电动机的启动。

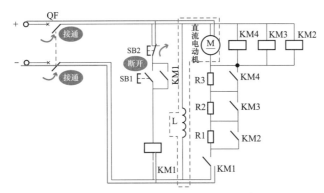

图 8-3　电动机停止的电路控制过程的识读分析

2 时间继电器启动直流电动机控制电路的识读技巧

📖 **电路结构特点的识读**

时间继电器启动直流电动机控制电路结构特点的识读，如图 8-4 所示。

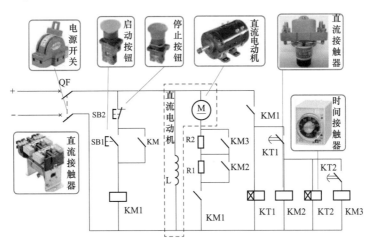

图 8-4　时间继电器启动直流电动机控制电路结构特点的识读

📖 **电路控制过程的识读分析**

（1）电动机降压全压启动运行控制过程。

1）时间继电器 KT1 线圈得电到达设置时间前的控制过程（见图 8-5）。合上电源开关 QF（断路器），按下启动按钮 SB1，交流接触器 KM1 线圈通电，动合辅助触点 KM1 闭合自锁，直流电动机串联电阻 R1、R2 后开始启动。同时时间继电器 KT1 线圈得电而没有到达设置时间。

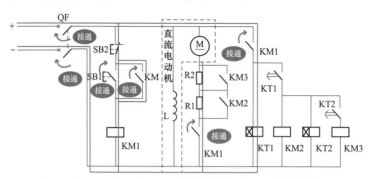

图 8-5　时间继电器 KT1 线圈得电到达设置时间前的控制过程

2）时间继电器 KT1 到达设置时间且 KT2 未到达设置时间的控制过程如图 8-6 所示。同时时间继电器 KT1 线圈得电，延时动合触点 KT1 到达设定时间后闭合，交流接触器 KM2 线圈通电，动合触点 KM2 闭合，电阻 R1 被短接，延时动合触点 KT1 闭合。同时时间继电器 KT2 线圈得电而没有到达设置时间。

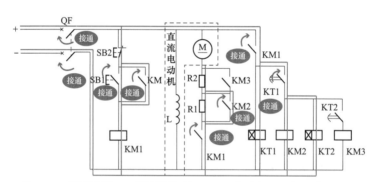

图 8-6　时间继电器 KT1 到达设置时间且 KT2 未到达设置时间的控制过程

3）电动机全压启动运行的控制过程如图 8-7 所示。同时时间继电器 KT2 的线圈通电，延时动合触点 KT2 当到达设定的时间后闭合，交流接触器 KM3 线圈通电，动合触点 KM3 闭合，电阻 R2 被短接，电源电压被全部加到电动机上，电动机开始全压运行。

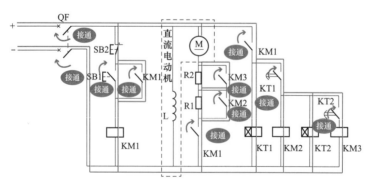

图 8-7　电动机全压启动运行的控制过程

（2）电动机停止的控制过程（见图 8-8）。当需要停止时，按下停止按钮 SB2，交流接触器和时间继电器线圈断电，各触点复位，电动机停止运转。

专家提示

该电路通过时间继电器的延时动作按时间原则接通交流接触器，短接串联直流电动机绕组上的电阻来启动直流电动机。该电路适用对启动时间有所需求的直流电动机的启动。

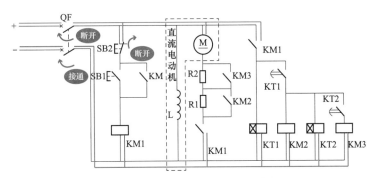

图 8-8　电动机停止的控制过程的识读分析

3 电流继电器启动直流电动机控制电路的识读技巧

📖 **电路结构特点的识读**

电流继电器启动直流电动机控制电路结构特点的识读，如图 8-9 所示。

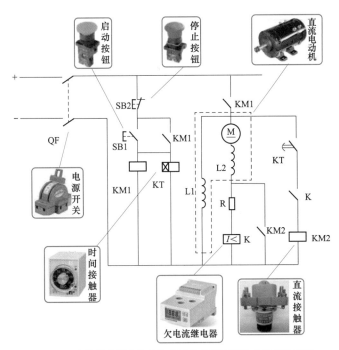

图 8-9　电流继电器启动直流电动机控制电路结构特点的识读

📖 **电路控制过程的识读分析**

（1）电动机降压全压启动运行控制过程。

1）时间继电器未到达设置时间的控制过程，如图 8-10 所示。合上电源开关 QF（断路器），按下启动按钮 SB1，交流接触器 KM1 线圈通电，动合触点 KM 闭合自锁，电动机串入电阻 R 启动，同时欠电流继电器 K 线圈通电，动合触点 K 依旧断开。同时，时间继电器 KT 线圈也通电，但未到达设置时间，延时动合触点 KT 依旧断开。

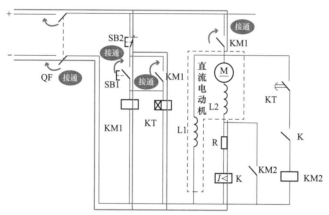

图 8-10　时间继电器未到达设置时间的控制过程

2）电动机全压运转的控制过程，如图 8-11 所示。当电动机转速上升，电流下降，欠电流继电器 K 动断触点复位闭合，时间继电器 KT 线圈也通电，延时动合触点 KT 也闭合，交流接触器 KM2 线圈得电，动合触点 KM2 闭合，电动机串入的电阻 R 被短接，电动机全压运转。

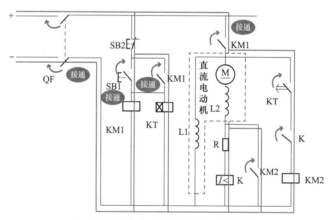

图 8-11　电动机全压运转的控制过程

（2）电动机停止的控制过程（见图 8-12）。当需要停止时，按下停止按钮 SB2，交流接触器线圈断电，各触点复位，电动机停止运转。

　　时间继电器 KT 主要作用是防止电阻 R 在启动开始时被短接。该电路适合多种直流电动机的启动控制。

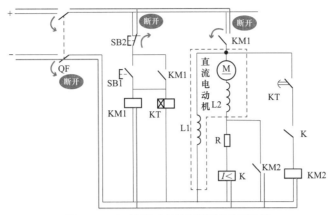

图 8-12　电动机停止的控制过程的识读分析

4　直流电动机的能耗制动电路的识读技巧

📖 **电路结构特点的识读**

直流电动机的能耗制动电路结构特点的识读，如图 8-13 所示。

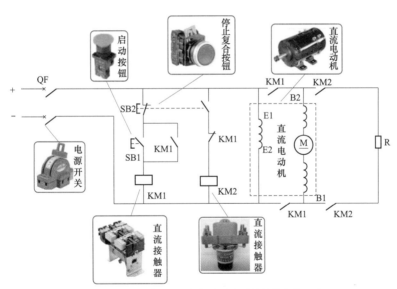

图 8-13　直流电动机的能耗制动电路结构特点的识读

📖 **电路控制过程的识读分析**

（1）电动机启动的控制过程（见图 8-14）。合上电源开关 QF（断路器），按下启动按钮 SB1，交流接触器 KM1 线圈通电，主触点 KM1 闭合，动合辅助触点 KM 闭合自锁，电动机电源接通正常运转。

（2）直流电动机的能耗制动的控制过程（见图 8-15）。需要停止时，按下按钮 SB2，交流接触器 KM1 线圈断开，其触点复位，同时交流接触器 KM2 线圈得电，动合触点 KM2 闭合，此

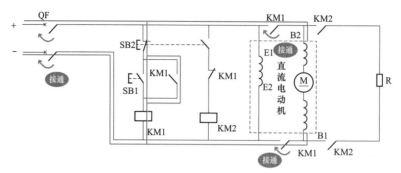

图 8-14　电动机启动的控制过程的识读分析

时电动机与电阻 R 并联，因励磁绕组还有电，电动机因惯性继续旋转而使其成为发电机，此时电枢电流方向与原来接入电流方向相反，电枢电流产生制动转矩与惯性旋转转矩方向相反，电动机迅速停转。

专家提示

电阻 R 的阻值越小，制动速度越快，阻值越大，制动的时间也就越长。该电路简单、实用，适合各种常用的直流电动机制动控制。

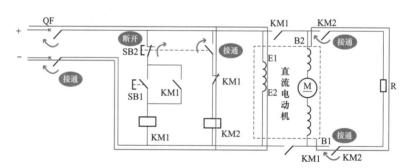

图 8-15　直流电动机的能耗制动的控制过程的识读分析

5　串励直流电动机串电阻降压启动控制电路的识读技巧

📖 电路结构特点的识读

串励直流电动机串电阻降压启动控制电路结构特点的识读，如图 8-16 所示。

📖 电路控制过程的识读分析

（1）按下启动按钮 SB1 前的控制。按下启动按钮 SB1 前的控制电路，如图 8-17 所示。合上电源开关 QF（断路器），时间继电器 KT1、KT2 线圈得电，这时，动断延时闭合触点 KT1、KT2 断开，以防止交流接触器 KM2、KM3 线圈得电动作。

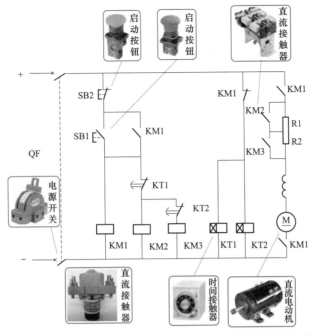

图 8-16 串励直流电动机串电阻降压启动控制电路结构特点的识读

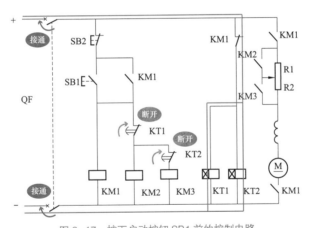

图 8-17 按下启动按钮 SB1 前的控制电路

（2）串励直流电动机串入电阻 R1、R2 降压启动（见图 8-18）。按下启动按钮 SB1，交流接触器 KM1 线圈通电，主触点 KM1 闭合，动合辅助触点 KM1 闭合自锁，动断辅助触点 KM1 断开，切断了时间继电器 KT1、KT2 线圈电路。这时，串励直流电动机串入电阻 R1、R2 降压启动。

（3）串励直流电动机 M 串入电阻 R2 运转（见图 8-19）。当到达时间继电器 KT1 所设定的时间后，断电延时闭合触点 KT1 闭合，交流接触器 KM2 线圈得电，主触点 KM2 闭合，电阻 R1 被短接，串励直流电动机 M 串入电阻 R2 运转。

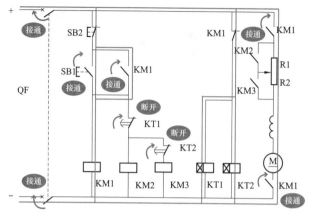

图 8-18 串励直流电动机串入电阻 R1、R2 降压启动的识读分析

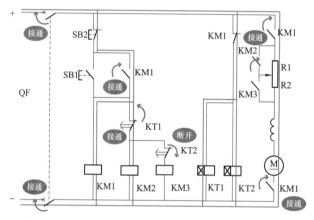

图 8-19 串励直流电动机 M 串入电阻 R2 运转的识读分析

（4）串励直流电动机 M 完成降压启动进行全压运转。串励直流电动机 M 完成降压启动进行全压运转的识读分析，如图 8-20 所示。当到达时间继电器 KT2 设定的时间后，断电延时闭合触点

专家提示

该电路中，串励直流电动机不能在重载或轻载情况下启动，否则将造成电动机转速过高而损坏电枢。该电路适用于串励直流电动机的降压启动。

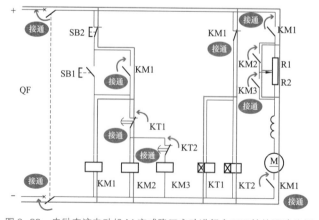

图 8-20 串励直流电动机 M 完成降压启动进行全压运转的识读分析

KT2 闭合，交流接触器 KM3 线圈得电，主触点 KM3 闭合，电阻 R2 被短接，串励直流电动机 M 完成降压启动进行全压运转。

6 直流电动机的电阻制动控制电路的识读技巧

📖 **电路结构特点的识读**

直流电动机的电阻制动控制电路结构特点的识读，如图 8-21 所示。

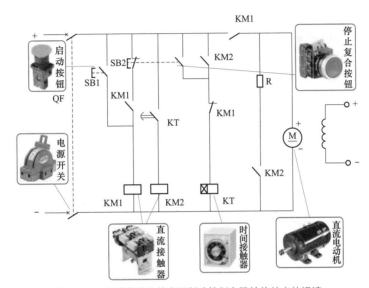

图 8-21　直流电动机的电阻制动控制电路结构特点的识读

📖 **电路控制过程的识读分析**

（1）电动机启动的控制过程（见图 8-22）。合上电源开关 QF（断路器），按下启动按钮 SB1，交流接触器 KM1 线圈得电，动合辅助触点 KM1 闭合，直流电动机 M 通电运转。

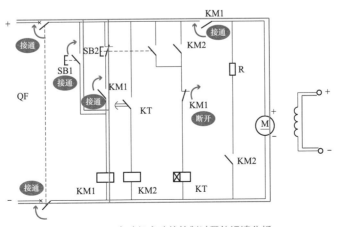

图 8-22　电动机启动的控制过程的识读分析

（2）直流电动机的电阻制动的控制过程（见图 8-23）。需要停止时，按下停止按钮 SB2，交流接触器 KM1 线圈断电，动合触点 KM1 复位，直流电动机 M 断电。此时，时间继电器 KT 线圈通电，瞬时闭合延时断开的动合触点 KT 闭合，交流接触器 KM2 线圈通电，动合辅助触点 KM2 闭合，制动电阻 R 并联到电枢绕组两端，使直流电动机 M 迅速制动。

当到达时间继电器 KT 设定的时间后，延时断开触点 KT 断开，交流接触器 KM2 线圈断电，其触点复位，时间继电器 KT 线圈断电。

该电路通过电阻 R 分担断电后直流电动机 M 的惯性发电电压，而使电动机 M 迅速停止运转。该电路适合各种直流电动机的制动。

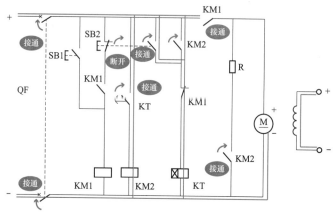

图 8-23　直流电动机的电阻制动的控制过程的识读分析

第9章
PLC 控制电路的识读技巧

　　PLC,可编程控制器,是一种专为工业应用而设计的控制器。可编程控制器是一种数字运算操作电子系统,采用了可编程的存储器,用来在其内部储存执行逻辑运算、顺序控制、定时、计数和算术运算等操作的指令,并通过数字的、模拟的输入和输出,控制各种类型的机械或生产。

　　PLC 的应用范围非常广泛,在国内外大量应用于钢铁、石化、机械制造、汽车装配、电力系统等各行业的自动化控制领域。

1　PLC 控制与继电器控制的区别

　　PLC 控制与继电器控制是实现自动控制所采用的两种不同手段。它们的关系:两种方法基本上都可以实现同一种功能。

　　PLC 控制与继电器控制的区别是实现控制逻辑所用的硬件不同。

　　继电器控制系统,其逻辑功能由传统的继电器来完成的,比如控制时间,就有相应的时间继电器。继电器的动作一般与电磁有关。

　　PLC 是基于各种"门电路"的一种集成式的控制器。其工作方式与计算机更接近些。对于已经接好的线路,可以通过改变 PCL 的程序来改变控制逻辑和参数,具有更灵活的运用方式。

　　另一个差别是,继电器控制系统适用于简单一些的逻辑控制,而 PLC 可以实现更复杂的逻辑控制。

　　PLC 控制与继电器控制电路的区别如图 9-1 所示。

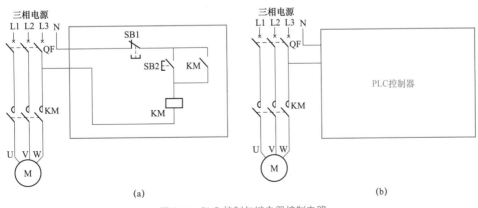

图 9-1　PLC 控制与继电器控制电路
(a) 继电器控制电路;(b) PLC 控制电路

2 PLC 控制器的组成识读技巧

PLC 控制器的基本组成如图 9-2 所示。各种 PLC 的组成结构基本相同，主要有 CPU 模块部分和输入、输出接口电路等组成。

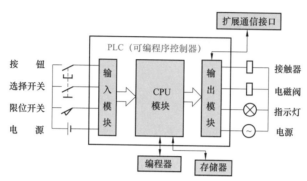

图 9-2 PLC 控制器的基本组成

（1）CPU 模块中央处理器。CPU 模块即中央处理器，它通过地址总线、数据总线、控制总线与储存单元、输入输出接口、通信接口、扩展接口相连。CPU 是 PLC 的核心，它不断采集输入信号，执行用户程序，刷新系统输出。

（2）存储器。PLC 的存储器包括系统存储器和用户存储器两种。系统存储器用于存放 PLC 的系统程序，用户存储器用于存放 PLC 的用户程序。现在的 PLC 一般均采用可电擦除的 E2PROM 存储器来作为系统存储器和用户存储器。

（3）IO 接口。PLC 的输入接口电路的作用是将按钮、行程开关或传感器等产生的信号输入 CPU；PLC 的输出接口电路的作用是将 CPU 向外输出的信号转换成可以驱动外部执行元件的信号，以便控制接触器线圈等电器的通、断电。PLC 的输入输出接口电路一般采用光耦合隔离技术，可以有效地保护内部电路。

（4）输入接口电路。PLC 的输入接口电路可分为直流输入电路和交流输入电路。直流输入电路的延迟时间比较短，可以直接与接近开关、光电开关等电子输入装置连接；交流输入电路适用于在有油雾、粉尘的恶劣环境下使用。

交流输入电路和直流输入电路类似，外接的输入电源改为 220V 交流电源。

（5）输出接口电路。输出接口电路通常有 3 种类型：继电器输出型、晶体管输出型和晶闸管输出型。继电器输出型、晶体管输出型和晶闸管输出型的输出电路类似，只是晶体管或晶闸管代替继电器来控制外部负载。

（6）扩展通信接口。PLC 的扩展接口的作用是将扩展单元和功能模块与基本单元相连，使 PLC 的配置更加灵活，以满足不同控制系统的需要；通信接口的功能是通过这些通信接口可以和监视器、打印机、其他的 PLC 或计算机相连，从而实现"人 - 机转换"

PLC 一般使用 220V 交流电源或 24V 直流电源，内部的开关电源为 PLC 的中央处理器、存储器等电路提供 5、12、24V 直流电源，使 PLC 能正常工作。

3 PLC 控制器的工作原理识读技巧

（1）扫描技术。当 PLC 控制器投入运行后，其工作过程一般分为三个阶段，即输入采样、用户程序执行和输出刷新三个阶段。完成上述三个阶段称作一个扫描周期。在整个运行期间，PLC 控制器的 CPU 以一定的扫描速度重复执行上述三个阶段。

（2）输入采样阶段。在输入采样阶段，PLC 控制器以扫描方式依次地读入所有输入状态和数据，并将它们存入 I/O 映像区中的相应的单元内。输入采样结束后，转入用户程序执行和输出刷新阶段。在这两个阶段中，即使输入状态和数据发生变化，I/O 映像区中的相应单元的状态和数据也不会改变。因此，如果输入是脉冲信号，则该脉冲信号的宽度必须大于一个扫描周期，才能保证在任何情况下，该输入均能被读入。

（3）用户程序执行阶段。在用户程序执行阶段，PLC 控制器总是按由上而下的顺序依次地扫描用户程序（梯形图见图 9-3）。在扫描每一条梯形图时，又总是先扫描梯形图左边的由各触点构成的控制线路，并按先左后右、先上后下的顺序对由触点构成的控制线路进行逻辑运算，然后根据逻辑运算的结果，刷新该逻辑线圈在系统 RAM 存储区中对应位的状态；或者刷新该输出线圈在 I/O 映像区中对应位的状态；或者确定是否要执行该梯形图所规定的特殊功能指令。即，在用户程序执行过程中，只有输入点在 I/O 映像区内的状态和数据不会发生变化，而其他输出点和软设备在 I/O 映像区或系统 RAM 存储区内的状态和数据都有可能发生变化，而且排在上面的梯形图，其程序执行结果会对排在下面的凡是用到这些线圈或数据的梯形图起作用；相反，排在下面的梯形图，其被刷新的逻辑线圈的状态或数据只能到下一个扫描周期才能对排在其上面的程序起作用。

（4）输出刷新阶段。当扫描用户程序结束后，PLC 控制器就进入输出刷新阶段。在此期间，

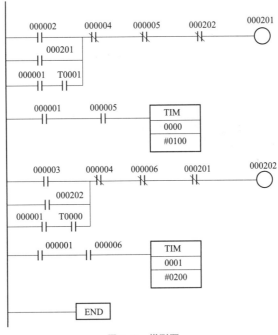

图 9-3 梯形图

133

CPU 按照 I/O 映像区内对应的状态和数据刷新所有的输出锁存电路，再经输出电路驱动相应的外设。这时，才是 PLC 控制器的真正输出。

同样的若干条梯形图，其排列次序不同，执行的结果也不同。另外，采用扫描用户程序的运行结果与继电器控制装置的硬逻辑并行运行的结果有所区别。当然，如果扫描周期所占用的时间对整个运行来说可以忽略，那么二者之间就没有什么区别了。

一般来说，PLC 控制器的扫描周期包括自诊断、通信等，即一个扫描周期等于自诊断、通信、输入采样、用户程序执行、输出刷新等所有时间的总和。

4 PLC 控制系统的主要元件识读技巧

PLC 控制系统的主要元件主要有 PLC 控制器、电动机、继电器、接触器、开关组件等组成。

（1）PLC 控制器。PLC 是一种具有微处理机的数字电子设备，用于自动化控制的数字逻辑控制器，可以将控制指令随时加载列内存中，进行储存与执行。可编程控制器由内部 CPU，指令及资料内存、输入输出单元、电源模组、数字模块等单元组成。常见 PLC 控制器的外形如图 9-4 所示。

图 9-4 常见 PLC 控制器的外形

（2）电动机。在 PLC 控制系统中，常用的电动机主要是三相异步电动机，也是工农业生产广泛应用的电动机。常见三相异步电动机的外形如图 9-5 所示。

（3）继电器和接触器。在 PLC 控制系统中，PLC 控制器虽然说代替了大量的继电器和接触器，并不是说不再使用继电器和接触器，只是减少了继电器和接触器的数量而已。常见继电器和接触器的外形如图 9-6 所示。

图 9-5　常见三相异步电动机的外形

(a)　　　　　　　　　　　　　　　　(b)

图 9-6　常见继电器和接触器的外形
(a) 常见继电器的外形；(b) 常见接触器的外形

（4）开关组件。开关组件是 PLC 控制系统中的常用元件，在实现人机交户功能时离不开开关组件。PLC 控制系统中的开关组件不可使用动断式，应使用动合式。开关组件在 PLC 控制系统中的表现形式如图 9-7 所示。开关组件的外形如图 9-8 所示。

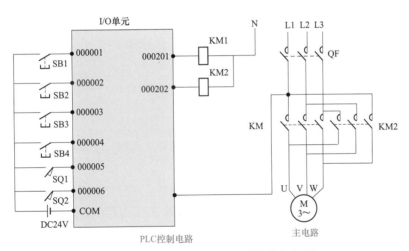

图 9-7　开关组件在 PLC 控制系统中的表现形式

停止按钮　　　　　　　启动按钮

图 9-8　开关组件的外形

5 电动机正向运转 PLC 控制电路和梯形图的识读技巧

📖 **电路结构特点的识读**

电动机正向运转 PLC 控制电路结构特点的识读，如图 9-9 所示。

电动机正向运转 PLC 控制电路的梯形图和接触器、继电器的等效电路，如图 9-10 所示。

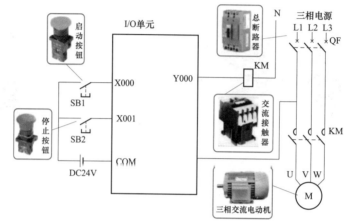

图 9-9 电动机正向运转 PLC 控制电路结构特点的识读

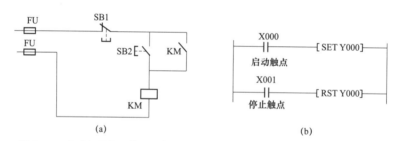

图 9-10 电动机正向运转 PLC 控制电路的梯形图和接触器、继电器的等效电路
(a) 接触器、继电器的等效电路；(b) 梯形图

📖 **电路控制过程的识读分析**

（1）电动机正向运转的控制过程。电动机正向运转的控制过程的识读分析，如图 9-11 所示。合上电源开关 QF（断路器），按下启动按钮 SB1，由 PLC 端子 X000 经 DC24V 直流电源后与公共端 COM 端连接，此时 PLC 内的输入继电器 X000 通电动作，动合触点闭合，因 PLC 内的输入继电器 X001 的动断触点未动作，处于闭合状态，所以 PLC 内的输出继电器 Y000 通电动作并自锁，交流接触器 KM 线圈通电，主触点闭合，电动机 M 运转。

（2）电动机停止的控制过程（见图 9-12）。按下停止按钮 SB2，PLC 端子 X001 经 DC24V 直流电源与公共端 COM 端连接，PLC 内的输入继电器 X001 通电动作，动断触点断开，输出继电器 Y000 断电复位，交流接触器 KM 线圈断电，触点复位，电动机 M 断电，停止运转。

专家提示

该电路相对接触器线路来讲，它具有可靠性高、抗干扰能力强、控制功能强、维修方便等优点。该电路适用于自动化要求稍高的电动机单向运行的生产机械中。

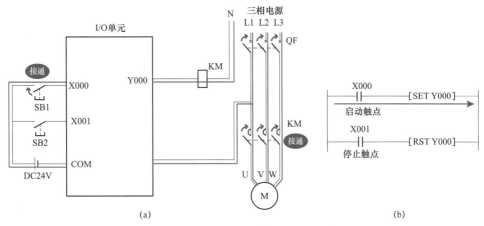

图 9-11　电动机正向运转的控制过程的识读分析
(a) PLC 接线图；(b) 梯形图

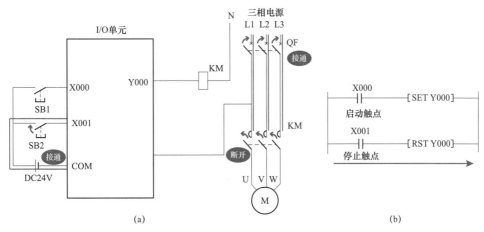

图 9-12　电动机停止的控制过程的识读分析
(a) PLC 接线图；(b) 梯形图

6　电动机正反转 PLC 控制电路和梯形图的识读技巧

电路结构特点的识读

电动机正反转 PLC 控制电路结构特点的识读，如图 9-13 所示。

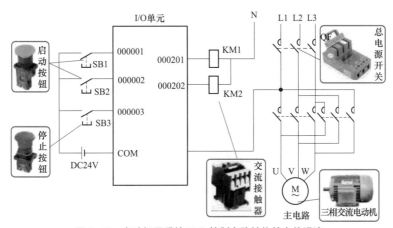

图 9-13　电动机正反转 PLC 控制电路结构特点的识读

电动机正反转 PLC 控制电路的梯形图、接触器继电器的等效电路和语句表，如图 9-14 所示。

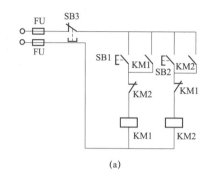

(a)

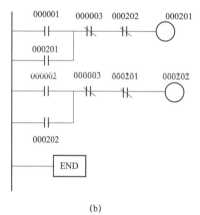

(b)

步骤	指令	地址编号
0	LD	000001
1	OR	000201
2	ANI	000003
3	ANI	000202
4	OUT	000201
5	LD	000002
6	OR	000202
7	ANI	000003
8	ANI	000201
9	OUT	000202
10	END	

(c)

图 9-14　电动机正反转 PLC 控制电路的梯形图和接触器、继电器的等效电路
(a) 接触器、继电器的等效电路；(b) 梯形图；(c) 语句表

📖 **电路控制过程的识读分析**

（1）电动机正转启动的控制过程（见图 9-15）。按下正转启动按钮 SB1，PLC 端子 000001 经 DC24V 直流电源与公共端 COM 端连接，PLC 内的输入继电器 000001 通电动作，动合触点闭合。PLC 内的输出继电器 000201 通电动作并自锁，交流接触器 KM1 线圈通电，主触点 KM1 闭合，电动机 M 正向运转。

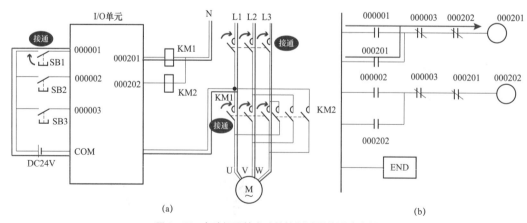

(a)

(b)

图 9-15　电动机正转启动的控制过程的识读分析
(a) PLC 接线图；(b) 梯形图

（2）电动机反转启动的控制过程（见图 9-16）。按下反转启动按钮 SB2，PLC 端子 000002 经 DC24V 直流电源与公共端 COM 端连接，PLC 内的输入继电器 000002 通电动作，动合触点闭合，PLC 内的输出继电器 000202 通电动作后自锁，交流接触器 KM2 线圈通电，主触点 KM2 闭合，电动机 M 反向运转。该电路正反转由 PLC 内的输出继电器 000201 和 000202 的动断触点实现联锁。

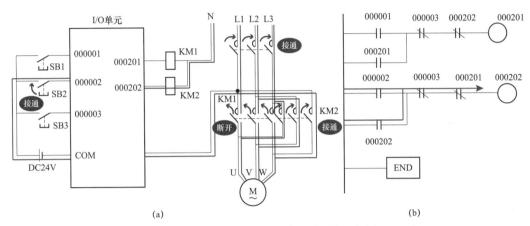

图 9-16　电动机反转启动的控制过程的识读分析
(a) PLC 接线图；(b) 梯形图

（3）电动机停止的控制过程（见图 9-17）。按下停止按钮 SB3，PLC 端子 000003 经 DC24V 直流电源与公共端 COM 端连接，PLC 的输入继电器 000003 通电动作，动断触点断开，输出继电器 000201 或 000202 断电复位，交流接触器 KM1 或 KM2 线圈断电，触点复位，电动机 M 断电，停止运转。

专家提示

该电路相对于接触器继电器控制电路，其可靠性、抗干扰性、控制功能也大大提高，且维修方便。该电路适用对自动化要求较高，并需正反运行的生产机械拖动。

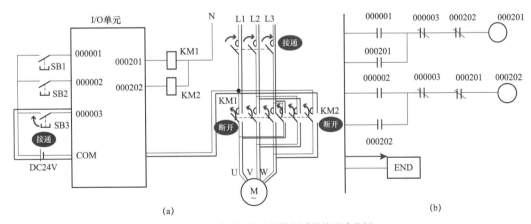

图 9-17　电动机停止的控制过程的识读分析
(a) PLC 接线图；(b) 梯形图

7　两台电动机按顺序启动控制电路识读技巧

📖 电路结构特点的识读

两台电动机按顺序启动控制电路结构特点的识读如图 9-18 所示。

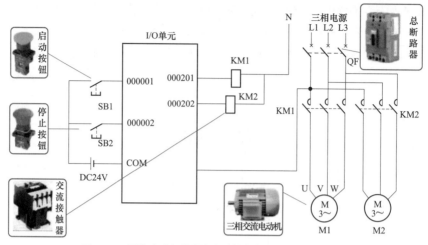

图 9-18　两台电动机按顺序启动控制电路结构特点的识读

　　两台电动机按顺序启动控制电路的梯形图、接触器继电器的等效电路和语句表，如图 9-19 所示。

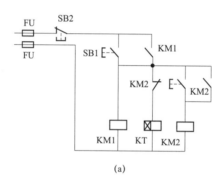

(a)

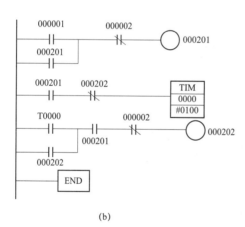

(b)

步骤	指令	地址编号
0	LD	000001
1	OR	000201
2	ANI	000002
3	OUT	000201
4	LD	000201
5	ANI	000202
6	TIM	0000#0100
7	LD	T0000
8	OR	000202
9	AND	000201
10	ANI	000002
11	OUT	000202
12	END	

(c)

图 9-19　两台电动机按顺序启动控制电路的等效电路
(a) 接触器、继电器的等效电路；(b) 梯形图；(c) 语句表

　　📖 **电路控制过程的识读分析**

　　（1）电动机启动的控制过程（见图 9-20）。合上电源开关，按下启动按钮 SB1，PLC 端子 000001 经 DC24V 直流电源与公共端 COM 端连接，PLC 内的输入继电器 000001 通电动作，动合触点闭合，PLC 内的输出继电器 000201 通电动作并自锁，交流接触器 KM1 线圈得电，主

触点 KM 闭合，电动机 M1 运转。同时，输出继电器 000201 的动合触点闭合，PLC 内的计时器 T0000 开始计时，延时 10s 后，动合触点 T0000 闭合，输出继电器 000202 通电动作并自锁，交流接触器 KM2 线圈通电，电动机 M2 运转。

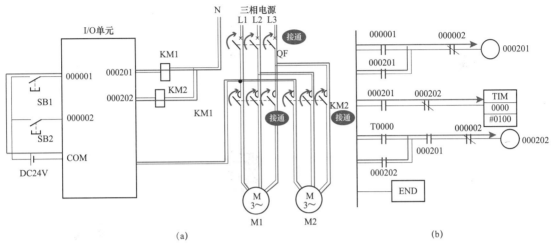

图 9-20　电动机启动的控制过程的识读分析
(a) PLC 接线图；(b) 梯形图

（2）电动机停止的控制过程（见图 9-21）。按下停止按钮 SB2，PLC 端子 000002 经 DC24V 直流电源与公共端 COM 端连接，PLC 的输入继电器 000002 得电动断，动断触点 000003 断开，输出继电器 000201 和 00202 断电复位，交流接触器 KM1 和 KM2 线圈断电，触点复位，电动机 M1 和 M2 断电，停止运转。

专 家 提 示

　　该电路相对于接触器继电器控制电路而言，引用内部计时器代替时间继电器，其准确率大大提高，且故障也大为减小。该电路适用于自动化要求较高的双台电动机控制的生产机械。

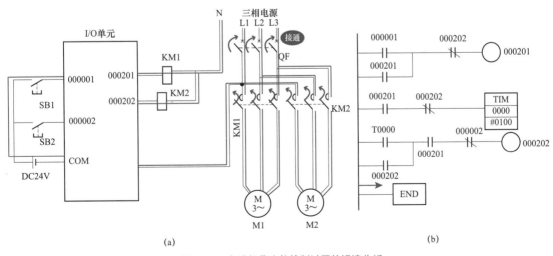

图 9-21　电动机停止的控制过程的识读分析
(a) PLC 接线图；(b) 梯形图

8 行程开关停止的正反转 PLC 控制电路的识读技巧

📖 电路结构特点的识读

行程开关停止的正反转 PLC 控制电路结构特点的识读如图 9-22 所示。

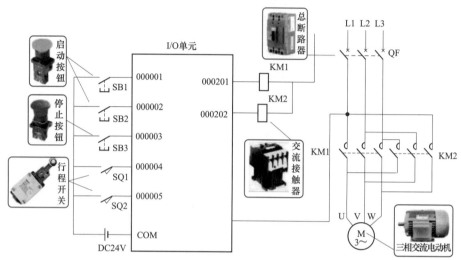

图 9-22　行程开关停止的正反转 PLC 控制电路结构特点的识读

　　行程开关停止的正反转 PLC 控制电路的梯形图、接触器继电器的等效电路和语句表，如图 9-23 所示。

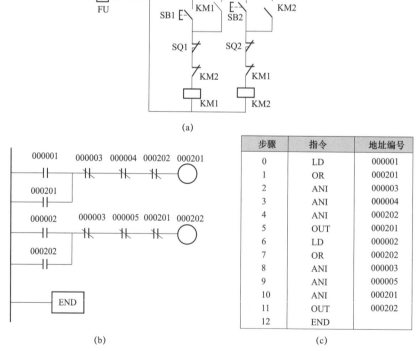

步骤	指令	地址编号
0	LD	000001
1	OR	000201
2	ANI	000003
3	ANI	000004
4	ANI	000202
5	OUT	000201
6	LD	000002
7	OR	000202
8	ANI	000003
9	ANI	000005
10	ANI	000201
11	OUT	000202
12	END	

(b)　　　　　　　　　　　　　(c)

图 9-23　行程开关停止的正反转 PLC 控制电路的梯形图、接触器继电器的等效电路和语句表
(a) 接触器、继电器的等效电路；(b) 梯形图；(c) 语句表

📖 **电路控制过程的识读分析**

（1）行程开关停止的正转 PLC 控制电路。

1）电动机正转启动的控制过程的识读分析，如图 9-24 所示。合上电源开关，按下启动按钮 SB1，PLC 端子 000001 经 DC24V 直流电源与公共端 COM 端连接，PLC 内的输入继电器 000001 通电动作并自锁，交流接触器 KM1 线圈通电，主触点 KM1 闭合，电动机 M 正向运转，这时，带动生产机械向上（左）运行。

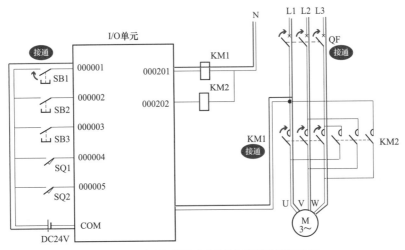

图 9-24　电动机正转启动的控制过程的识读分析

2）电动机正转停止的控制过程的识读分析，如图 9-25 所示。当运行至设定位置，机械装置撞块碰到行程开关 SQ1、PLC 内部继电器 000004 通电动作，动断触点断开，PLC 内部输出继电器 000201 断电复位，交流接触器 KM1 线圈断电，触点复位，电动机 M 停止正向运转。

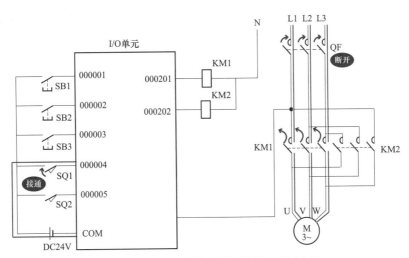

图 9-25　电动机正转停止的控制过程的识读分析

行程开关停止的正转 PLC 控制电路的控制过程梯形图的识读分析，如图 9-26 所示。

（2）行程开关停止的反转 PLC 控制电路。

1）电动机反转启动的控制过程的识读分析，如图 9-27 所示。按下反转启动按钮 SB2，PLC 的端子 000002 与 COM 端连接，输入继电器 000002 通电动作，动合触点闭合，输出继电器 000202 通电动作并自锁，交流接触器 KM2 线圈通电，主触点 KM2 闭合，电动机 M 得电反向运转，带动生产机械向下（右）运行。

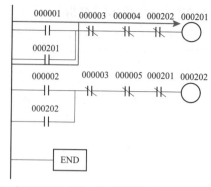

图 9-26　电动机正转启动、停止的控制过程梯形图的识读分析

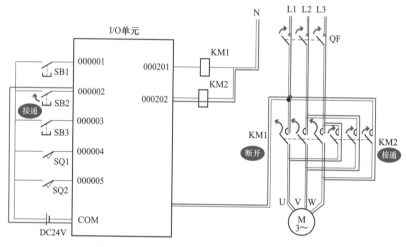

图 9-27　电动机反转启动的控制过程的识读分析

2）电动机反转停止的控制过程的识读分析，如图 9-28 所示。当运行至设定位置时，机械装置撞块碰到行程开关 SQ2，输入继电器 000005 通电动作，动断触点断开，输出继电器 000202 断电复位，交流接触器 KM2 线圈断电，触点复位，电动机 M 停止反向运转。

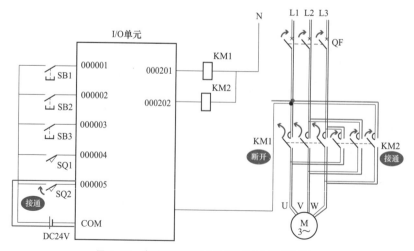

图 9-28　电动机反转停止的控制过程的识读分析

行程开关停止的反转 PLC 控制梯形图如图 9-29 所示。

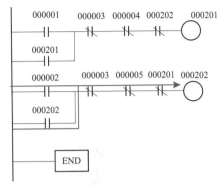

图 9-29 行程开关停止的反转 PLC 控制梯形图

（3）电动机停止的控制过程的识读分析（见图 9-30）。若生产机械未运行至设定位置，但需随时停止，可接下停止按钮 SB3，PLC 端子 000003 与 COM 端连接，输入继电器 000003 得电动作，动断触点断开，输出继电器 000201 或 000202 断电复位，交流接触器 KM1 或 KM2 线圈断电，触点复位，电动机 M 停止运转。

专家提示

　　该电路相对于接触器继电器控制电路来讲，线路简单，且具有可靠性高，维修方便等特点。该电路适用于自动化要求较高且需设定位置自动停止的生产机械。

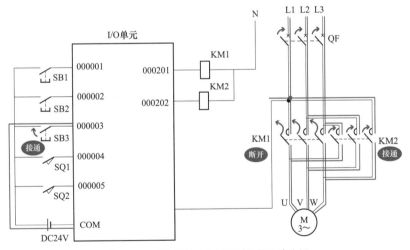

图 9-30 电动机停止的控制过程的识读分析

9 两台电动机顺序启动、停止 PLC 控制电路的识读技巧

电路结构特点的识读

两台电动机顺序启动、停止 PLC 控制电路结构特点的识读如图 9-31 所示。

两台电动机顺序启动、停止 PLC 控制电路的梯形图、接触器继电器的等效电路和语句表，如图 9-32 所示。

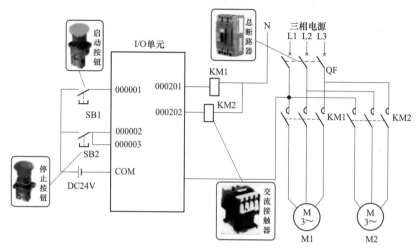

图 9-31　两台电动机顺序启动、停止 PLC 控制电路结构特点的识读

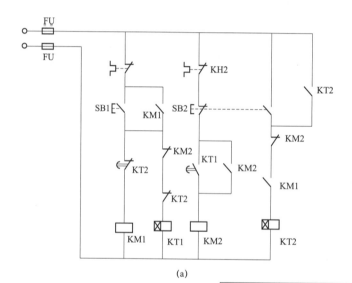

(a)

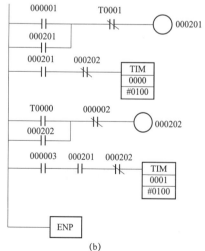

(b)

步骤	指令	地址编号
0	LD	000001
1	OR	000201
2	ANI	T0001
3	OUT	000201
4	LD	000201
5	ANI	000202
6	TIM	0000#0100
7	LD	T0000
8	OR	000202
9	ANI	000002
10	OUT	000202
11	LD	000003
12	AND	000201
13	ANI	000202
14	TIM	0001#0100
15	END	

(c)

图 9-32　两台电动机顺序启动、停止 PLC 控制电路的在等效电路和语句表
(a) 接触器、继电器的等效电路；(b) 梯形图；(c) 语句表

◫ **电路控制过程的识读分析**

（1）两台电动机顺序启动的控制过程（见图 9-33）。合上电源开关 QF（断路器），按下启动按钮 SB1，PLC 端子 000001 与 COM 连接，PLC 内部输入继电器 000001 通电动作，动合触点闭合，PLC 内部输出继电器 000201 通电动作并自锁，交流接触器 KM1 线圈通电，主触点 KM1 闭合，电动机 M1 运转。同时，因动合触点 000201 的闭合，PLC 内部计时器 T0000 开始计时，10s 后，动合触点 T0000 闭合，PLC 内部输出继电器 000202 通电动作并自锁，交流接触器 KM2 线圈通电，主触点 KM2 闭合，电动机 M2 运转。

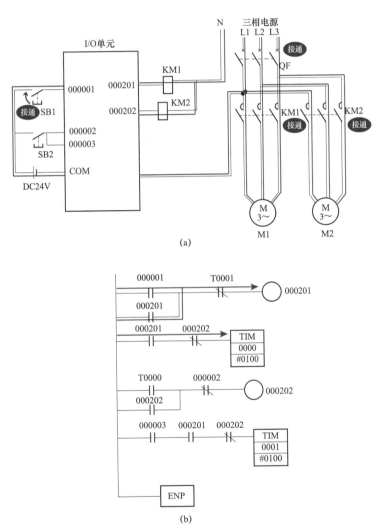

图 9-33　两台电动机顺序启动的控制过程的识读分析
(a) 接线图；(b) 梯形图

（2）两台电动机同时停止的控制过程（见图 9-34）。按下停止按钮 SB2，PLC 内部输入继电器 000002、000003 通电动作，动断触点 000002 断开，切断输入继电器 000202 电路，交流接触器 KM2 线圈断电，主触点 KM2 断开复位，电动机 M2 断电，停止运转。同时，动合触点 000003 闭合，PLC 内部计时器 T0001 开始计时，10s 后，动断触点 T0001 断开，输出继电器 000201 断电，交流接触器 KM1 线圈断电，主触点 KM1 断开复位，电动机 M1 断电，停止运转。

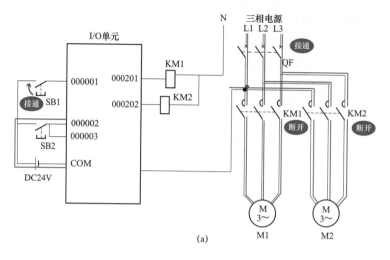

(a)

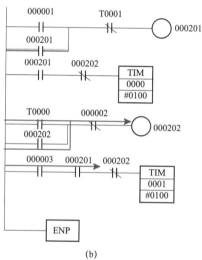

(b)

图 9-34 两台电动机同时停止的控制过程的识读分析
(a) 接线图；(b) 梯形图

第10章
变频器控制电路的识读技巧

1 变频器调速无反馈控制电路的识读技巧

📖 电路结构特点的识读

变频器调速无反馈控制电路结构特点的识读，如图 10-1 所示。

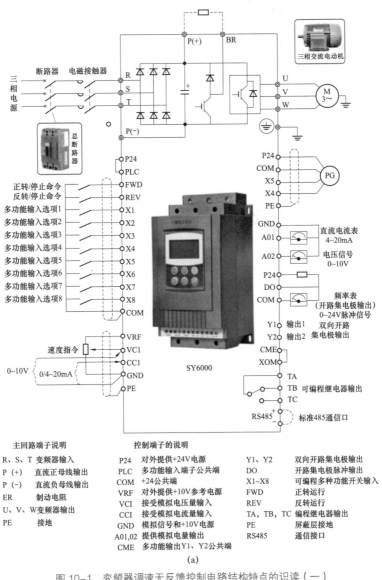

主回路端子说明		控制端子的说明			
R、S、T	变频器输入	P24	对外提供+24V电源	Y1、Y2	双向开路集电极输出
P (+)	直流正母线输出	PLC	多功能输入端子公共端	DO	开路集电极脉冲输出
P (-)	直流负母线输出	COM	+24公共端	X1~X8	可编程多种功能开关输入
ER	制动电阻	VRF	对外提供+10V参考电源	FWD	正转运行
		VCI	接受模拟电压量输入	REV	反转运行
U、V、W	变频器输出	CCI	接受模拟电流量输入	TA、TB、TC	编程继电器输出
PE	接地	GND	模拟信号和+10V电源	PE	屏蔽层接地
		A01,02	提供模拟电量输出	RS485	通信接口
		CME	多功能输出Y1、Y2公共端		

(a)

图 10-1 变频器调速无反馈控制电路结构特点的识读（一）
(a) 变频器（SY6000）标准配线图

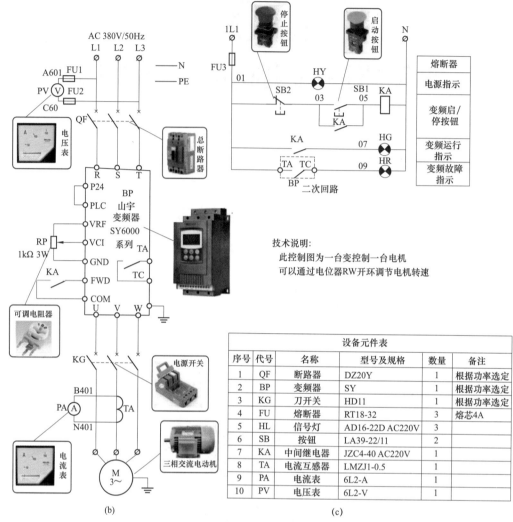

图 10-1 变频器调速无反馈控制电路结构特点的识读（二）
(b) 主回路；(c) 二次回路

设备元件表					
序号	代号	名称	型号及规格	数量	备注
1	QF	断路器	DZ20Y	1	根据功率选定
2	BP	变频器	SY	1	根据功率选定
3	KG	刀开关	HD11	1	根据功率选定
4	FU	熔断器	RT18-32	3	熔芯4A
5	HL	信号灯	AD16-22D AC220V		
6	SB	按钮	LA39-22/11	2	
7	KA	中间继电器	JZC4-40 AC220V	1	
8	TA	电流互感器	LMZJ1-0.5	1	
9	PA	电流表	6L2-A	1	
10	PV	电压表	6L2-V	1	

技术说明：

此控制图为一台变控制一台电机

可以通过电位器RW开环调节电机转速

📖 电路控制过程的识读分析

（1）电动机启动的控制过程（见图 10-2）。合上电源开关 QF（断路器），合上电动机电源刀开关 QS，按下启动按钮 SB1，继电器 K 线圈通电，动合触点 K 闭合，变频器 BP 控制端子 FWD（正转）与 COM（公共端）接通，变频指示灯 HR 亮，电动机 M 在变频器输出的频率下运转。

调速工作时，若电动机 M 速度需改变，可通过移动电位器 RP 的大小来改变变频器输出端电源的频率，从而改变加在电动机 M 上的电源频率来调节电动机 M 的速度大小。

（2）电动机停止的控制过程（见图 10-3）。需停止时，按下停止按钮 SB2，继电器 K 线圈断电，其触点复位，变频器 BP 控制端子 FWD（正转）与 COM（公共端）断开，变频指示灯 HG 熄灭，变频器停止工作，电动机 M 断电停止运转。

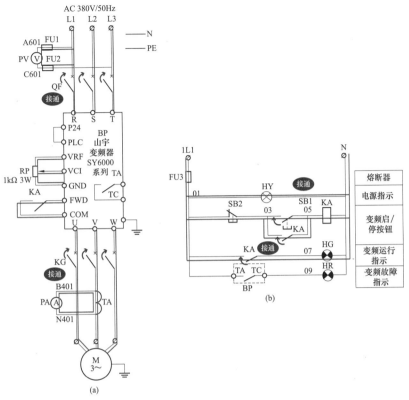

图 10-2　电动机启动的控制过程
(a) 主回路；(b) 次回路

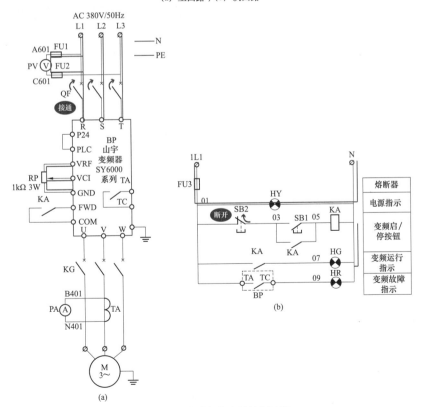

图 10-3　电动机停止的控制过程
(a) 主回路；(b) 二次回路

2 带反馈变频调速控制电路的识读技巧

📖 **电路结构特点的识读**

带反馈变频调速控制电路结构特点的识读，如图 10-4 所示。

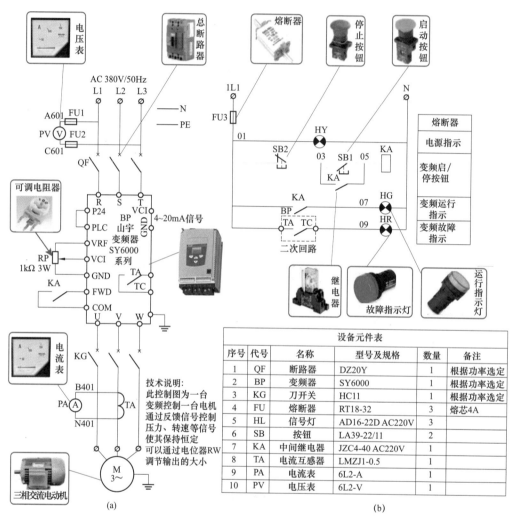

图 10-4 带反馈变频调速控制电路结构特点的识读
(a) 主回路；(b) 二次回路

📖 **电路控制过程的识读分析**

（1）电动机启动的控制过程（见图 10-5）。合上电源开关 QF（断路器），合上电动机电源刀开关 QS，按下启动按钮 SB1，继电器 K 线圈通电，动合触点 K 闭合，变频器 BP 控制端子 FWD（正转）与 COM（公共端）接通，变频运行指示灯 HG 亮，电动机 M 在变频器所输出的频率下运转。

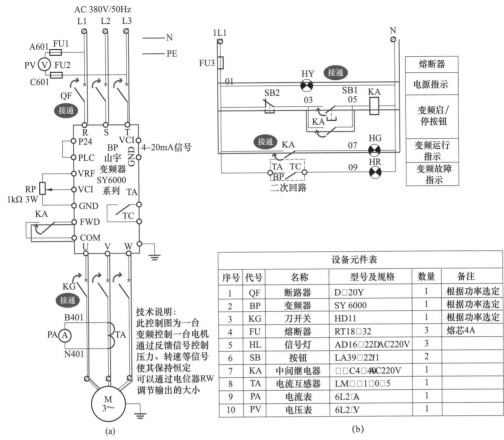

图 10-5　电动机启动的控制过程

(a) 主回路；(b) 二次回路

设备元件表					
序号	代号	名称	型号及规格	数量	备注
1	QF	断路器	D□20Y	1	根据功率选定
2	BP	变频器	SY 6000	1	根据功率选定
3	KG	刀开关	HD11	1	根据功率选定
4	FU	熔断器	RT18□32	3	熔芯4A
5	HL	信号灯	AD16□22DAC220V	3	
6	SB	按钮	LA39□22I1	2	
7	KA	中间继电器	□□C4□4□AC220V	1	
8	TA	电流互感器	LM□□1□0□5	1	
9	PA	电流表	6L2□A	1	
10	PV	电压表	6L2□V	1	

（2）电动机调速的控制过程。调速工作时，若电动机 M 转速需改变时，可通过移动电位器 RP 改变其大小来改变变频器输出端电源的频率，从而改变电动机 M 上的电源频率，来调节电动机 M 的速度大小。

（3）电动机停止的控制过程（见图 10-6）。需停止时，按下按钮 SB2，继电器 K 线圈断电，其触点复位，变频器 BP 控制端子 FWD（正转）与 COM（公共端）断开，变频器指示灯 HG 熄灭，变频器停止工作，电动机 M 断电停止运转。

（4）信号反馈的控制过程。变频器通过接线端子 VCI、GND 接受反馈回来的信号，在内部比较来控制压力、转速等信号，使其保持恒定。

3　一用一备变频调速控制电路的识读技巧

电路结构特点的识读

一用一备变频调速控制电路结构特点的识读，如图 10-7 所示。

📖 电路控制过程的识读分析

合上电源开关 QF（断路器），进行以下操作。

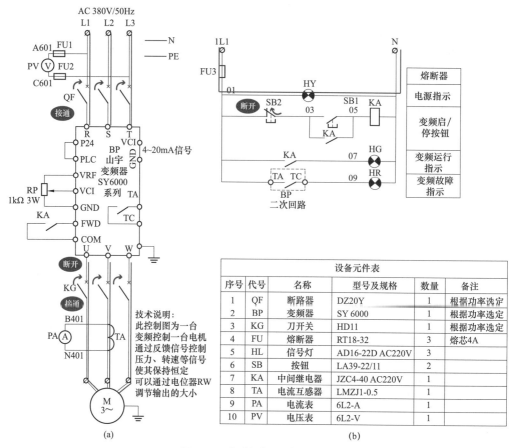

图 10-6　电动机停止的控制过程
(a) 主回路；(b) 二次回路

（1）电动机 M1 用 M2 备的控制过程（见图 10-8）。将转换开关 SA 扳至 M1 用位置，合上电源开关 QF1、QF2，合上刀开关 QS1、QS2，电源指示灯 HY1 亮。按下启动按钮 SB2，继电器 K1 线圈通电，动合触点 K1 闭合，变频器控制端子 FWD（正转）与 COM（公共端）接通，信号灯 HG1 亮，变频器运行，电动机 M1 在变频器所输出的频率下通电运转。

当变频器收到电动机故障信号，TA 与 TC 端子闭合，继电器 K2 线圈通电，动合触点 K2 闭合，故障指示灯 HR1 亮。同时，继电器 K3 线圈通电，动合触点 K3 闭合，变频器 BP2 控制端子 FWD（正转）与 COM（公共端）接通，信号灯 HG2 亮，变频器 BP2 运行，备用电动机 M2 在变频器所输出的频率下运转。此时按下 M1 的停止按钮，断开电源开关 QF1，对变频器 BP1 或电动机 M1 进行检修。保证工作正常进行。然后断开 M1 电源开关 QF1 及刀开关 QS1 进行检修。

（2）电动机 M2 用 M1 备的控制过程。将转换开关 SA 扳至 M2 用 M1 备的位置，合上电源开关 QF2、QF1，再合上刀开关 QS1、QS1，电源指示灯 HY2 亮。按下启动按钮 SB4，信号指示灯 HG2 亮，电动机 M2 在变频器输出的频率下通电运转。当变频器 BP2 收到电动机故障信号，电动机 M2 停止运转，备用电动机 M1 得电运转以保证工作正常运行，然后断开 M1 电源开关 QF1 及刀开关 QS1 进行检修。

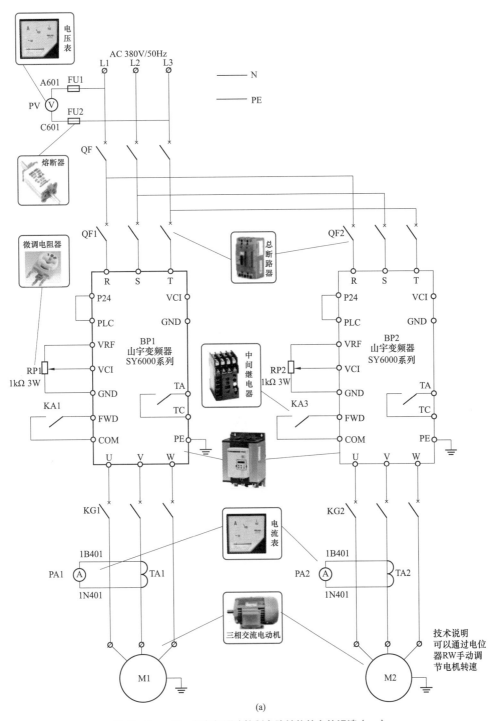

图 10-7　一用一备变频调速控制电路结构特点的识读（一）
(a) 主回路

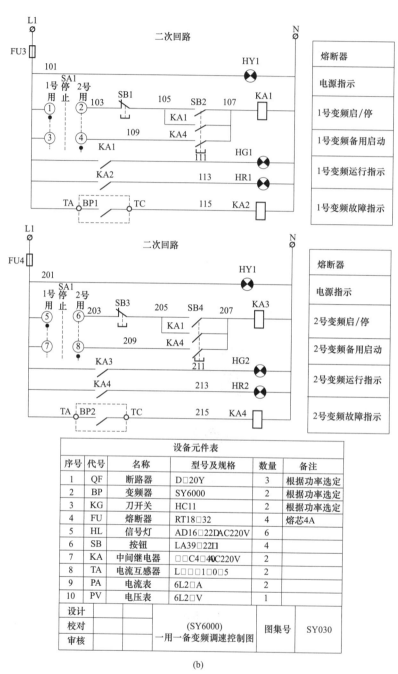

(b)

图 10-7　一用一备变频调速控制电路结构特点的识读（二）
(b) 二次回路

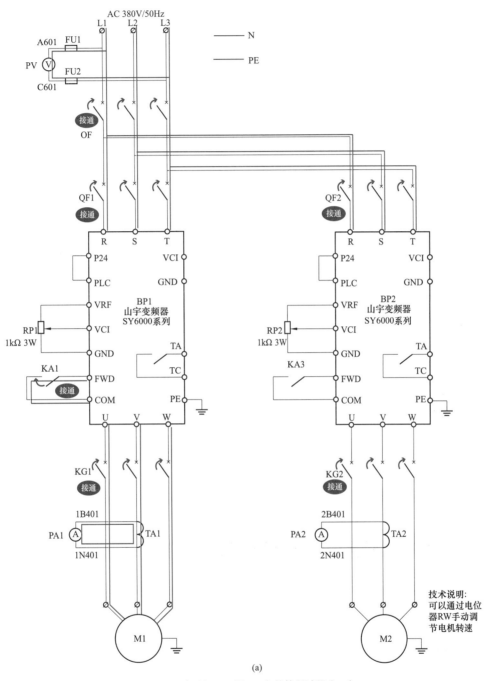

(a)

图 10-8 电动机 M1 用 M2 备的控制过程（一）
(a) 主回路

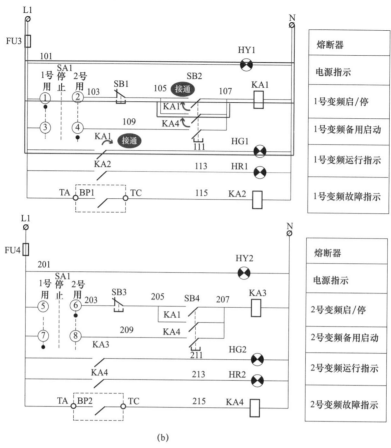

图 10-8 电动机 M1 用 M2 备的控制过程（二）
(b) 二次回路

（3）电动机调速的控制过程。当 M1 或 M2 运行中需要调节转速时，移动相应的变频器中的电位器 RP，可改变电动机的运转速度。

4 变频与工频转换控制电路的识读技巧

📖 **电路结构特点的识读**

变频与工频转换控制电路结构特点的识读，如图 10-9 所示。

📖 **电路控制过程的识读分析**

合上电源开关，电源指示灯亮。

（1）变频的控制过程（见图 10-10）。将转换开关 SA 扳到变频位置，交流接触器 KM2 线圈通电，主触点 KM2 闭合，动合辅助触点 KM2 闭合，交流接触器 KM1 线圈通电，主触点 KM1 闭合，动合辅助触点 KM1 闭合。按下按钮 SB2，继电器 K 线圈通电，其动合触点闭合，变频器 BP 控制端子 FWD（正转）与 COM（公共端）接通，变频器运行指示灯 1HG 亮，电动机 M 在变频器所输出的频率下运转。

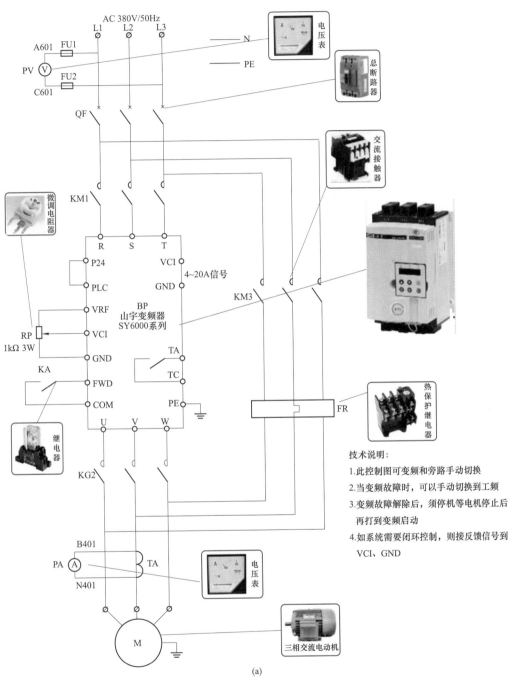

(a)

图 10-9 变频与工频转换控制电路结构特点的识读（一）

(a) 主回路

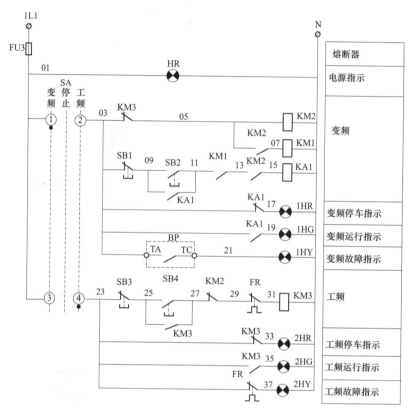

设备元件表					
序号	代号	名称	型号及规格	数量	备注
1	QF	断路器	DZ20Y	1	根据功率选定
2	BP	变频器	SY 6000	1	根据功率选定
3	KM	交流接触器	CJ20	3	根据功率选定
4	FU	熔断器	RT18-32	3	熔芯4A
5	HL	信号灯	AD16-22D AC220V	7	
6	SB	按钮	LA39-22/11	4	
7	KA	中间继电器	JZC4-40 AC220V	1	
8	TA	电流互感器	LMZJ1-0.5	1	
9	PA	电流表	6L2-A	1	
10	PV	电压表	6L2-V	1	
11		转换开关	LW5D-16/1	1	

(b)

图 10-9 变频与工频转换控制电路结构特点的识读（二）
(b) 二次回路

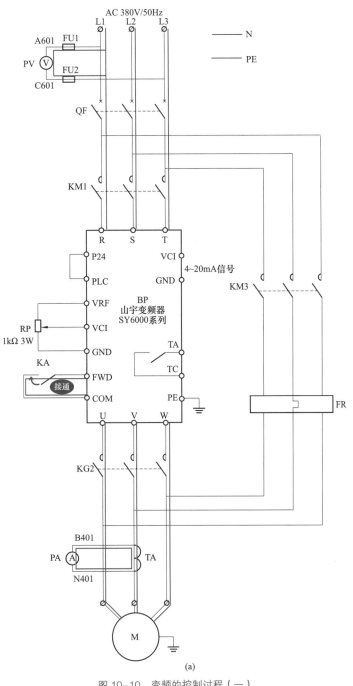

图 10-10　变频的控制过程（一）
(a) 主回路

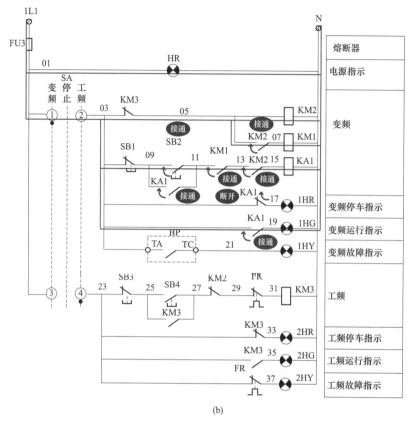

图 10-10 变频的控制过程（二）
(b) 二次回路

（2）调速的控制过程。工作时，若电动机转速需要改变时，可通过电位器 RP 来改变大小，来改变变频器输出电源的频率大小，从而改变电动机 M 上的电源频率，调节电动机 M 的速度大小。

（3）停止的控制过程。需停止时，按下停止按钮 SB1，继电器 K 线圈断电，其触点复位，变频器控制端子 FWD（正转）与 COM（公共端）断开，变频器运行指示灯 1HG 灭，变频器停止工作，电动机 M 断电停止运转。

（4）工频的控制过程。将转换开关 SA 扳至工频位置，按下启动按钮 SB4，交流接触器 KM3 线圈通电，主触点 KM 闭合，动合辅助触点 KM3 闭合，动断辅助触点 KM3 断开，工频运行指示灯 2HG 亮，电动机 M 运转。停止时：按下停止按钮 SB3，交流接触器 KM3 线圈断电，其触点复位，工频运行指示灯 2HG 熄灭，电动机 M 断电，停止运转。

专家提示

该电路是电动机 M 在变频器与电源频率互相切换的控制电路，当变频器故障时，可以手动切换到电源工频，变频器故障解除后，须停机等电动机停止后，再转换到变频启动。

第**11**章
软启动控制电路的识读技巧

　　软启动器（soft starter）是一种集电机软起动、软停车、多种保护功能于一体的新颖电机控制装置，国外称为 Soft Starter。它的主要构成是串接于电源与被控电机之间的三相反并联晶闸管及其电子控制电路。运用不同的方法，控制三相反并联晶闸管的导通角，使被控电机的输入电压按不同的要求而变化，就可实现不同的功能。软起动器和变频器是两种完全不同用途的产品。变频器是用于需要调速的地方，其输出不但改变电压而且同时改变频率；软起动器实际上是个调压器，用于电机起动时，输出只改变电压并没有改变频率。变频器具备所有软起动器功能，但它的价格比软起动器贵得多，结构也复杂得多。电动机软起动器是运用串接于电源与被控电机之间的软启动器，控制其内部晶闸管的导通角，使电机输入电压从零以预设函数关系逐渐上升，直至启动结束，赋予电机全电压，即为软启动，在软起动过程中，电机起动转矩逐渐增加，转速也逐渐增加。

1 软启动原理的识读技巧

　　软启动器工作原理是通过改变晶闸管的触发角，就可调节晶闸管调压电路的输出电压。其特点是电动机转矩近似与定子电压的二次方成正比。使用软启动器启动电动机时，晶闸管的输出电压逐渐增加，电动机逐渐加速，直到晶闸管全导通，电动机工作在额定电压的机械特性上，实现平滑启动降低启动电流，避免启动过流跳闸。通过降低有效电压，软启动器可以根据负荷进行优化调整，减少对负荷的冲击和限制启动电流。

2 软启动原理传统区别的识读技巧

　　（1）无冲击电流。软启动器在启动电机时，通过逐渐增大晶闸管导通角，使电机启动电流从零线性上升至设定值。对电机无冲击，提高了供电可靠性，平稳起动，减少对负荷机械的冲击转矩，延长机器使用寿命。

　　（2）有软停车功能。即平滑减速，逐渐停机，它可以克服瞬间断电停机的弊病，减轻对重载机械的冲击，避免高程供水系统的水锤效应，减少设备损坏。

　　（3）起动参数可调。根据负荷情况及电网继电保护特性选择，可自由地无级调整至最佳的启动电流。

3 典型软启动控制电路的识读技巧

　　📖 **电路结构特点的识读**

　　典型软启动控制电路结构特点的识读，如图 11-1 所示。

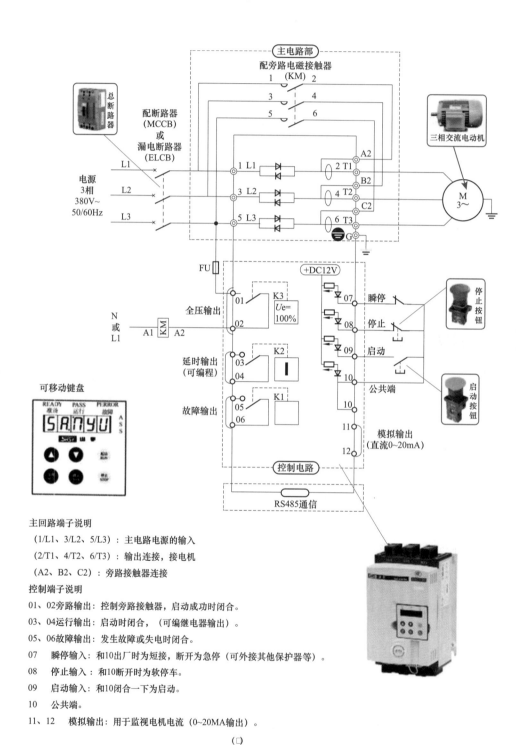

主回路端子说明

(1/L1、3/L2、5/L3)：主电路电源的输入

(2/T1、4/T2、6/T3)：输出连接，接电机

(A2、B2、C2)：旁路接触器连接

控制端子说明

01、02 旁路输出：控制旁路接触器，启动成功时闭合。

03、04 运行输出：启动时闭合，（可编继电器输出）。

05、06 故障输出：发生故障或失电时闭合。

07 瞬停输入：和10出厂时为短接，断开为急停（可外接其他保护器等）。

08 停止输入：和10断开时为软停车。

09 启动输入：和10闭合一下为启动。

10 公共端。

11、12 模拟输出：用于监视电机电流（0~20MA输出）。

（□）

图 11-1 典型软启动控制电路结构特点的识读（一）

(a) 软启动器（SJR2000）标准配线图

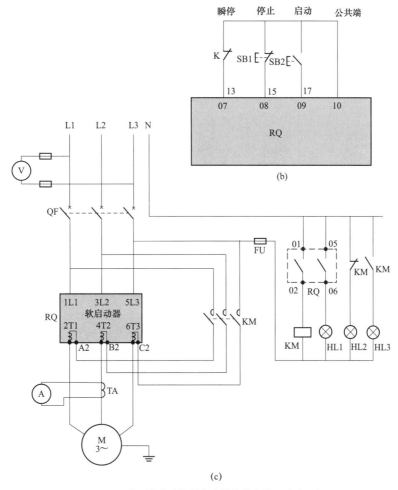

(b)

(c)

图 11-1　典型软启动控制电路结构特点的识读（二）
(b) 软启动器控制端子；(c) 控制电路

📖 **电路结构特点的识读**

（1）电动机软启动的控制过程。

1）电动机 M 软启动控制，如图 11-2 所示。合上电源开关 QF（断路器），按下软启动器控制端子启动按钮 SB2，软启动器 RQ 开始启动，输出端输出低电压，电动机 M 低电压启动，信号灯 HL2 亮，表示电动机 M 软启动。

2）电动机 M 软启动完成控制，如图 11-3 所示。软启动器内部计时器开始计时，软启动器输出端电压逐步升高，电动机 M 上的电压逐渐升高至全压，当到达软启动器内部计时器设定的时间后，软启动器 RQ 无源触点（01、02）闭合，交流接触器 KM 线圈通电，动断辅助触点 KM 断开，信号灯 HL2 熄灭，动合辅助触点 KM 闭合，信号灯 HL3 亮，表示旁路运行，电动机软启动完成，电动机 M 通过旁路供电正常运转，若信号灯 HL1 亮，则表示软启动器故障。

（2）电动机停止的控制过程（见图 11-4）。按下软启动器控制端子上的停止按钮 SB1，软启动器 RQ 无源触点（01、02）断开，交流接触器 KM 线圈断电，其触点复位，信号灯 HL3 熄灭、HL2 亮，表示旁路运行停止，电动机 M 由软启动 RQ 逐步减压停止运转。

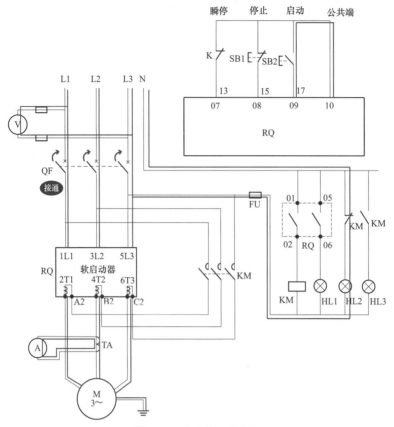

图 11-2　电动机 M 软启动

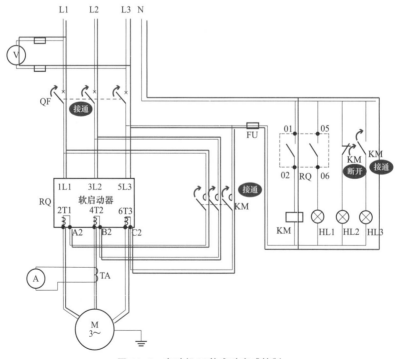

图 11-3　电动机 M 软启动完成控制

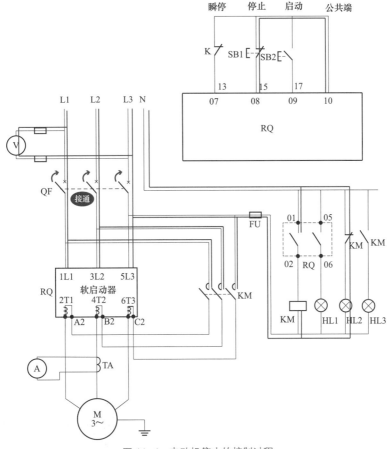

图 11-4　电动机停止的控制过程

4　软启动器端子加远程控制电路的识读技巧

📖 电路结构特点的识读

软启动器端子加远程控制电路电路结构特点的识读，如图 11-5 所示。

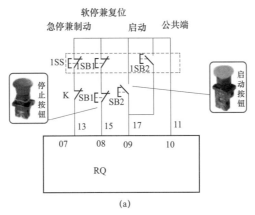

(a)

图 11-5　软启动器端子加远程控制电路电路结构特点的识读（一）
(a) 软启动器控制端子

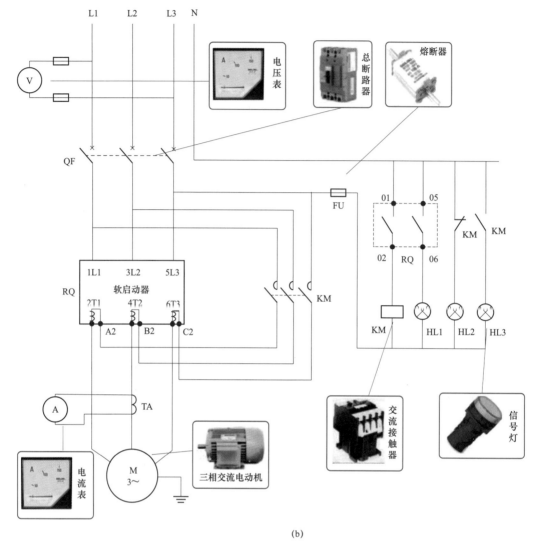

(b)

图 11-5　软启动器端子加远程控制电路电路结构特点的识读（二）

(b)　控制电路

📖 **电路控制过程的识读分析**

（1）电动机软启动的控制过程。

1）电动机 M 软启动控制，如图 11-6 所示。合上电源开关 QF（断路器），按下软启动器控制端子上启动按钮 SB2 或加远程控制按钮 1SB2，软启动器 RQ 开始启动，输出端输出低电压，电动机 M 低压启动，信号灯 HL2 亮，表明电动机 M 软启动。

2）电动机 M 软启动完成控制，如图 11-7 所示。软启动器内部计时器开始计时，软启动器输出端电压逐步升高，电动机 M 两端电压逐渐升高至全压，当到达软启动器内部计时器设定的时间后，软启动器 RQ 无源触点（01、02）闭合，交流接触器 KM 线圈通电，动断辅助触点 KM 断开，信号灯 HL2 熄灭，动合辅助触点 KM 闭合，信号灯 HL3 亮，旁路运行，电动机软启动完成，电动机 M 通过旁路供电正常运转。若使用中信号灯 HL1 亮，则表示软启动器故障。

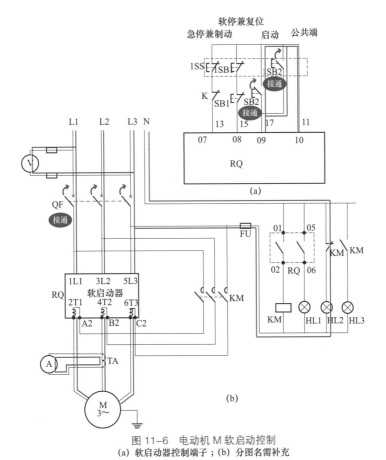

图 11-6 电动机 M 软启动控制
(a) 软启动器控制端子；(b) 分图名需补充

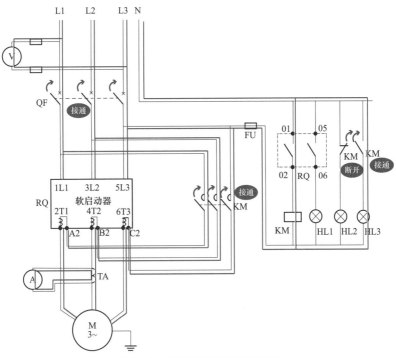

图 11-7 电动机 M 软启动完成控制

（2）电动机停止的控制过程（见图 11-8）。按下软启动器控制端子上的停止按钮 SB1 或加远程控制停止按钮 1SB1，软启动器 RQ 无源触点（01、02）断开，交流接触器 KM 线圈断电，其触点复位，信号灯 HL3 熄灭、HL2 亮，显示旁路运行停止，电动机 M 在软启动器 RQ 控制下逐步减压至停止运转。

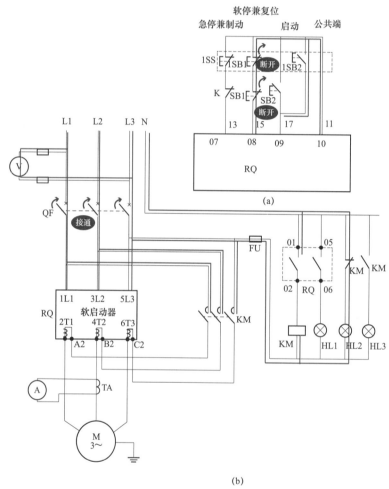

图 11-8　电动机停止的控制过程
(a) 软启动器控制端子；(b) 补充分图名

（3）急停制动控制过程（见图 11-9）。当电动机运转时，工地出现紧急情况，可按下急停按钮 1SS，电动机 M 制动停止运转，电动机制动时间等于按钮按下的时间，制动后必须复位。

5　直接启动软启动控制电路的识读技巧

📖 电路结构特点的识读

直接启动软启动控制电路结构特点的识读，如图 11-10 所示。

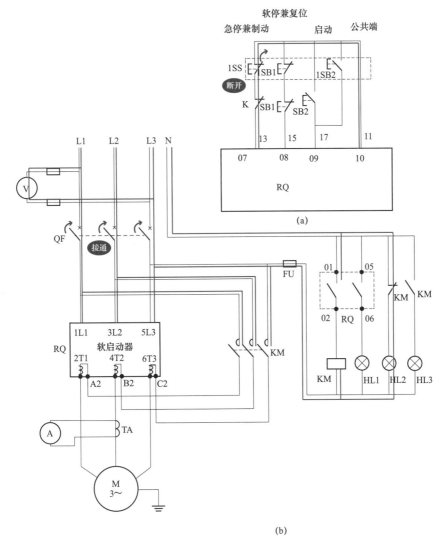

(b)

图 11-9　急停制动控制过程
(a) 软启动器控制端子 ;(b) 补充分图名

📖 **电路结构特点的识读**

合上电源开关 QF（断路器），进行以下操作。

（1）电动机直接启动的控制过程。

1）直接启动控制过程（见图 11-11）。按下直接启动按钮 SB3，继电器 K2 线圈通电，动合触点 K2 闭合，交流接触器 KM 线圈通电，主触点 KM 闭合，电动机 M 直接启动，直接启动指示灯 HL4 亮。

2）直接启动的停止控制过程（见图 11-12）。需要停止时按下停止按钮 SB4，交流接触器

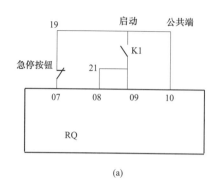

(a)

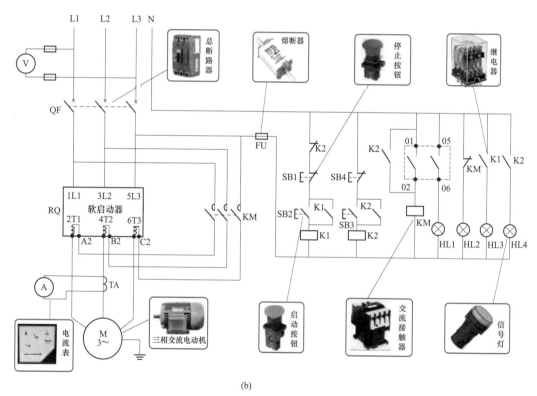

(b)

图 11-10　直接启动软启动控制电路结构特点的识读
(a) 软启动器控制端子；(b) 补充分图名

继电器 K2 线圈断电，其触点复位，交流接触器 KM 线圈断电，其触点复位，电动机 M 断电，停止运转，信号灯 HL4 熄灭，HL2 亮，显示电动机停止运行。

（2）电动机软启动的控制过程。

1）软启动的控制过程（见图 11-13）。按下软启动控制端子上的启动按钮 SB2，继电器 K1 线圈通电，动合触点 K1 闭合，软启动器开始启动，输出端输出低电压，电动机 M 低压启动运转，信号灯 HL3 亮，表示软启动运行。

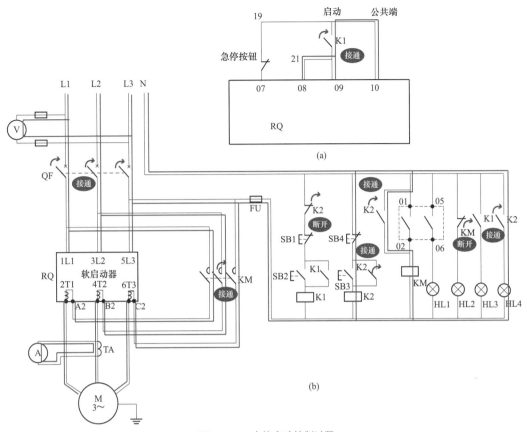

图 11-11　直接启动控制过程
(a) 软启动器控制端子；(b) 补充分图名

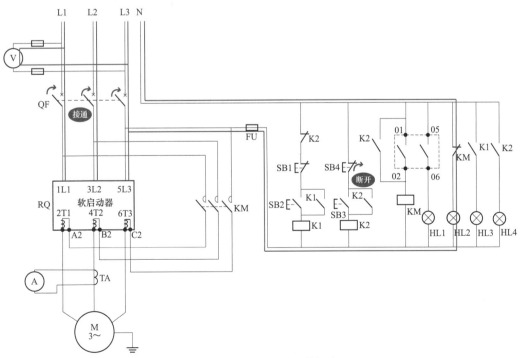

图 11-12　直接启动的停止控制过程

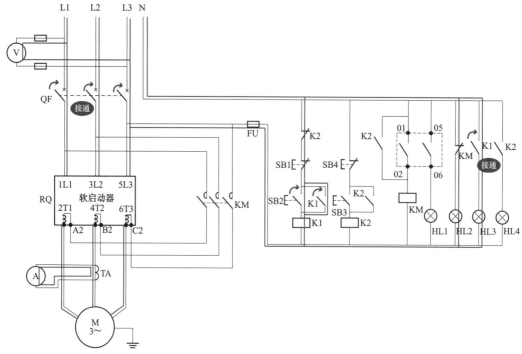

图 11-13 软启动的控制过程

2）软启动后的控制过程（见图 11-14）。当软启动器内部计时器开始计时，软启动器输出端电压逐步升高，电动机 M 逐步升高至全压，到达软启动器内部计时器设定的时间后，软启动器 RQ 无源触点（01、02）闭合，交流接触器 KM 线圈通电，主触点 KM 闭合，动断辅助触点 KM 断开，电动机 M 通过旁路供电运转。

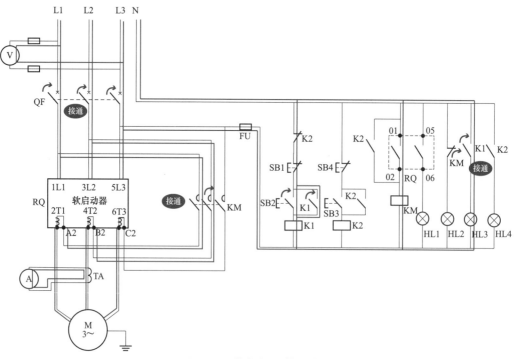

图 11-14 软启动后的控制过程

3）电动机停止的控制过程（见图 11-15）。电动机需停止时，按下软启动器控制且端子上的停止按钮 SB1，交流继电器 K1 线圈断电，其触点复位，信号灯 HL3 灭，软启动器 RQ 无源触点（01、02）断开，交流接触器 KM 线圈断电，其触点复位，HL2 亮，电动机 M 在软启动器 RQ 控制下逐步减压停止运转。

专家提示

该电路可软启动，也可以直接全压启动，通常为软启动。当软启动不能启动电动机时，可用直接全压启动控制。

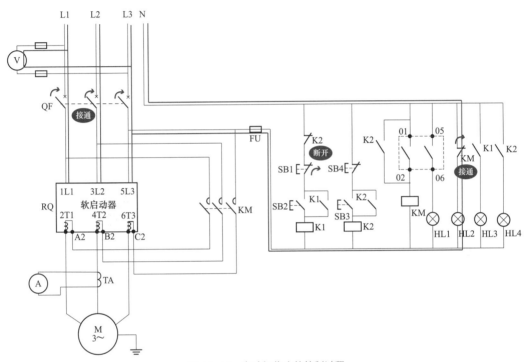

图 11-15 电动机停止的控制过程

6 软启动器控制正反转电路的识读技巧

电路结构特点的识读

软启动器控制正反转控制电路结构特点的识读，如图 11-16 所示。

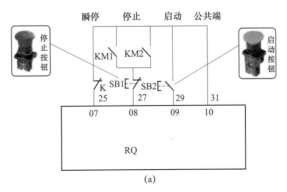

(a)

图 11-16 软启动器控制正反转控制电路结构特点的识读（一）
(a) 软启动器控制端子

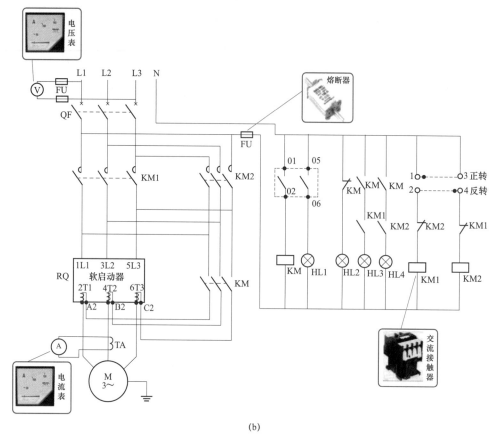

(b)

图 11-16 软启动器控制正反转控制电路结构特点的识读（二）
(b) 控制电路

📖 电路结构特点的识读

（1）电动机正向运转的控制过程。

1）电动机 M 正转软启动的控制过程（见图 11-17）。合上电源开关 QF（断路器），将旋柄旋至正转位置，触点 1、2 闭合，交流接触器 KM1 线圈通电，主触点 KM1 闭合，按下软启动器控制端子上启动按钮 SB2，软启动器 RQ 开始启动，输出端输出低电压，电动机 M 低压正向启动运转，信号灯 HL2 亮，电动机 M 正转软启动。

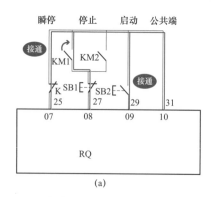

(a)

图 11-17 电动机 M 正转软启动的控制过程（一）
(a) 软启动器控制端子

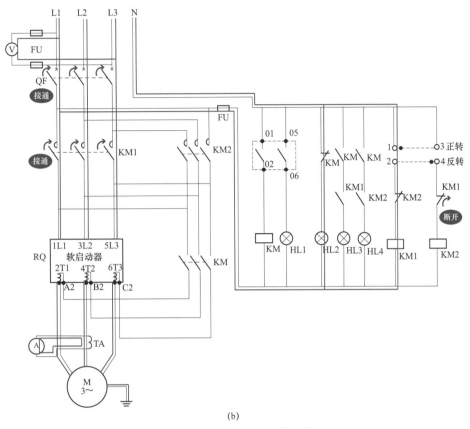

(b)

图 11-17　电动机 M 正转软启动的控制过程（二）
(b) 控制电路

2）电动机 M 正转软启动完成的控制过程（见图 11-18）。这时，软启动器内部计时器开始计时，软启动器输出端电压逐步升高，电动机 M 两端电压逐渐升高至全压，当到达软启动器内部计时器设定的时间后，软启动器 RQ 的无源触点（01、02）闭合，交流接触器 KM 线圈通电，主触点 KM 闭合，动断辅助触点 KM 断开，指示灯 HL2 熄灭，动合辅助触点 KM 闭合，指示灯 HL3 亮，电动机 M 软启动完成，电动机 M 通过旁路供电正向运转。

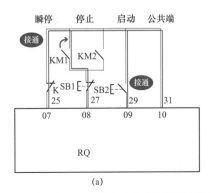

(a)

图 11-18　电动机 M 正转软启动完成的控制过程（一）
(a) 软启动器控制端子

177

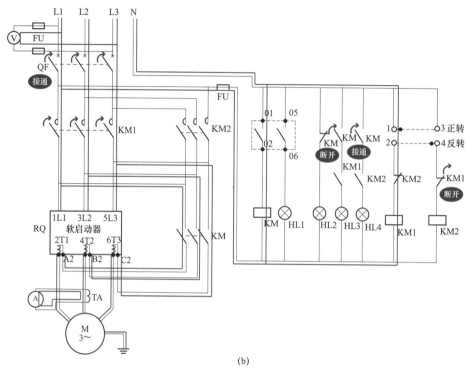

(b)

图 11-18　电动机 M 正转软启动完成的控制过程（二）
(b) 控制电路

（2）电动机反向运转的控制过程。

1）电动机 M 反转软启动。

电动机 M 反转软启动的控制过程，如图 11-19 所示。将旋柄旋至反向位置，触点 3、4 闭合，交流接触器 KM2 线圈通电，主触点 KM2 闭合。接着按下软启动器控制端子上的启动按钮 SB2，软启动 RQ 开始启动，输出端输出低电压，电动机 M 低压反向启动，信号灯 HL2 亮，表明电动机 M 反转软启动。

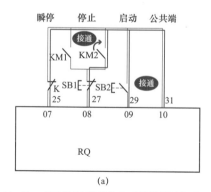

(a)

图 11-19　电动机 M 反转软启动的控制过程（一）
(a) 软启动器控制端子

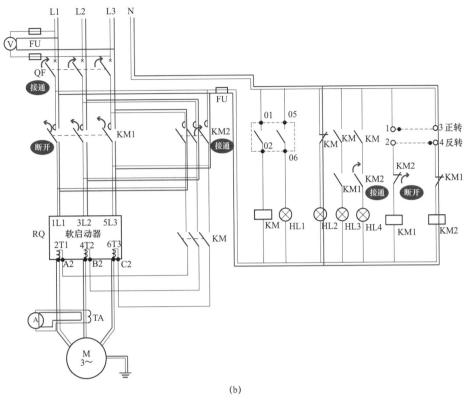

(b)

图 11-19 电动机 M 反转软启动的控制过程（二）
(b) 控制电路

　　2）电动机 M 反转软启动完成的控制过程（见图 11-20）。软启动器内部计时器开始计时，软启动器输出端电压逐步升高，电动机 M 两端电压逐渐升高至全压。当到达软启动器内部计时器设定的时间后，软启动器 RQ 无源触点（01、02）闭合，交流接触器 KM 线圈闭合，主触点 KM 闭合，动断辅助触点 KM 断开，指示灯 HL2 熄灭，动合辅助触点 KM 闭合，指示灯 HL4 亮，电动机 M 反转软启动完成，电动机 M 通过旁路供电反向运转。

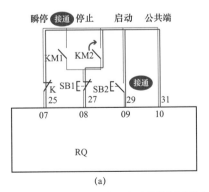

(a)

图 11-20 电动机 M 反转软启动完成的控制过程（一）
(a) 软启动器控制端子

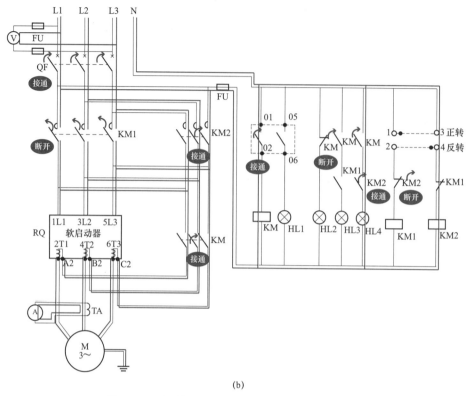

图 11-20　电动机 M 反转软启动完成的控制过程（二）
(b) 控制电路

（3）电动机停止的控制过程（见图 11-21）。按下软启动器控制端子上的停止按钮 SB1，软启动器无源触点（01、02）断开，交流接触器 KM 线圈断电，其触点复位，信号灯 HL4 灭、HL2 亮，显示旁路运行停止，电动机 M 在软启动器 RQ 控制下逐步减压至停止运转。

专 家 提 示

该电路进行换向操作时，必须在电动机停止时换向。

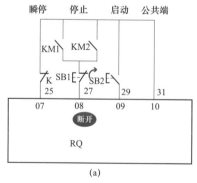

图 11-21　电动机停止的控制过程（一）
(a) 软启动器控制端子

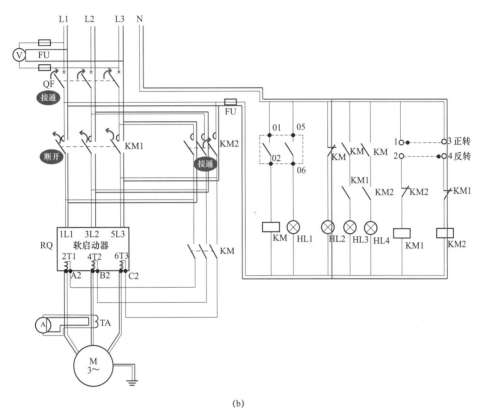

(b)

图 11-21　电动机停止的控制过程（二）
(b) 控制电路

7　软启动器一拖二一用一备控制电路的识读技巧

　📖 **电路结构特点的识读**

软启动器一拖二一用一备控制电路结构特点的识读，如图 11-22 所示。

　📖 **电路结构特点的识读**

（1）电动机 M1 用 M2 备用控制过程。

1）电动机 M1 软启动控制（见图 11-23）。合上电源开关 QF（断路器），将转换开关 SA 扳至 M1 用 M2 备用的位置，交流接触器 1KM 线圈通电，主触点 1KM 闭合，动断辅助触点 1KM 断开，防止 2KM 线圈通电。按下启动按钮 SB1，继电器 K 线圈通电，动合触点 K 闭合，软启动器 RQ 控制端子启动触点闭合，软启动器 RQ 开始启动，输出端输出低电压，电动机 M1 低压启动运转，信号灯 HR 亮，电动机 M1 启动。

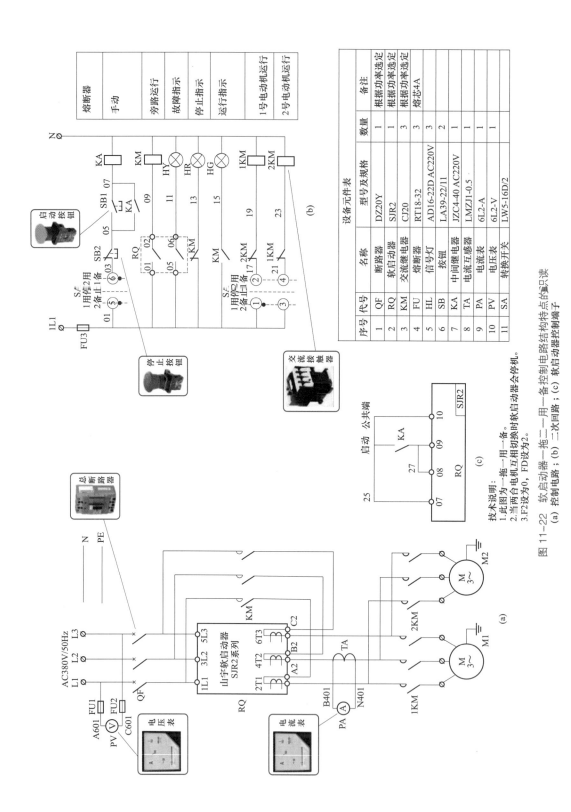

图 11-22 软启动器一拖二用一备控制电路结构特点的阅读
(a) 控制电路；(b) 二次回路；(c) 软启动器控制端子

技术说明：
1.此图为一拖一用一备。
2.当两台电机互相切换时软启动器合停机。
3.F2设为0，FD设为2。

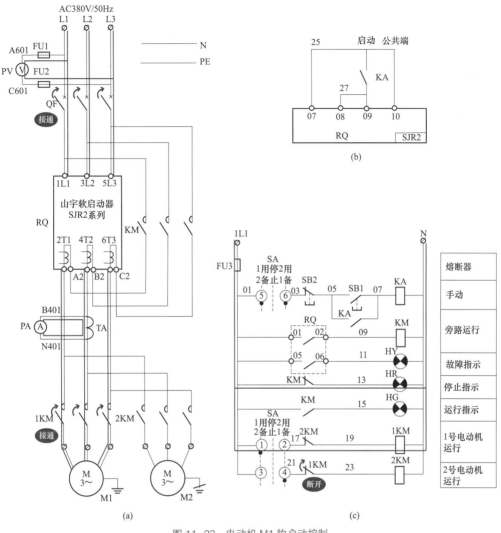

图 11-23　电动机 M1 软启动控制
(a) 控制电路；(b) 软启动器控制端子；(c) 二次回路

　　2）电动机 M1 软启动后的控制（见图 11-24）。当软启动器内部计时器开始计时，软启动器 RQ 输出端电压逐步升高，电动机 M1 两端电压逐步升高至全压，当到达软启动器内部计时器设定时间后，软启动器 RQ 的无源触点（01、02）闭合,交流接触器 KM 线圈通电，主触点 KM 闭合，动断辅助触点 KM 断开，动合辅助触点 KM 闭合，信号灯 HR 熄灭，HG 亮，电动机 M1 软启动完成，电动机 M1 通过旁路供电运转。

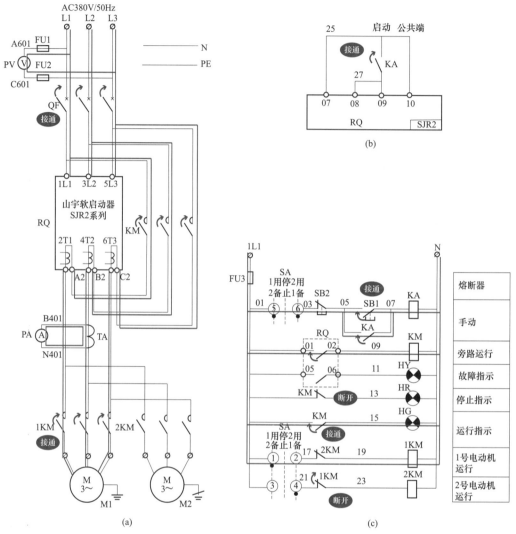

图 11-24 电动机 M1 软启动后的控制
(a) 控制电路；(b) 软启动器控制端子；(c) 二次回路

（2）电动机 M2 用 M1 备用（见图 11-25）。将转换开关 SA 扳至 M2 用 M1 备用的位置，交流接触器 2KM 线圈通电，主触点 2KM 闭合，动断辅助触点 2KM 断开，以防止 1KM 线圈通电。按下启动按钮 SB1，电动机 M2 软启动。电动机 M2 软启动完成后，电动机 M2 通过旁路供电运转。

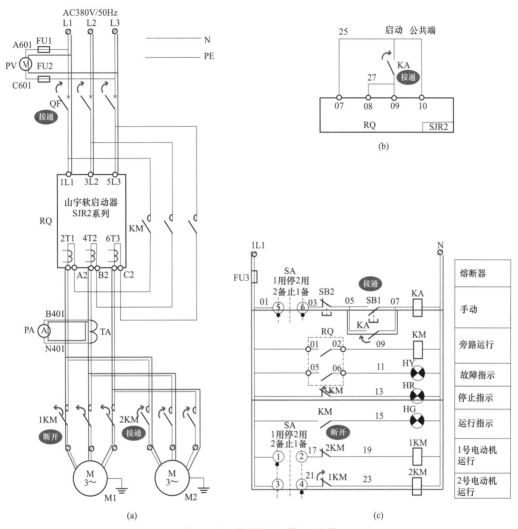

图 11-25　电动机 M2 用 M1 备用
(a) 控制电路；(b) 软启动器控制端子；(c) 二次回路

（3）电动机停止的控制过程。电动机停止的控制过程，如图 11-26 所示。按下停止按钮
SB2，继电器 K 线圈断电，其触点复位，软启动
器 RQ 无源触点（01、02）断开，交流接触器
KM 线圈断电，其触点复位，信号灯 HG 熄灭，电
动机 M1 或 M2 软停。

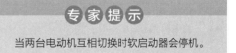

当两台电动机互相切换时软启动器会停机。

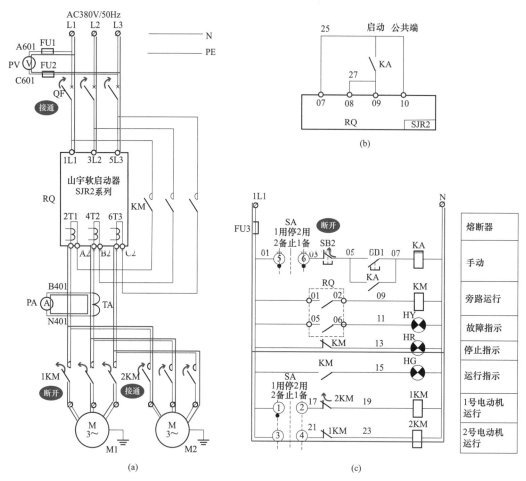

图 11-26　电动机停止的控制过程
(a) 控制电路；(b) 软启动器控制端子；(c) 二次回路

第12章
常见机床控制电路的识读技巧

1 C620—1普通车床控制电路的识读技巧

电路结构特点的识读

C620—1普通车床控制电路结构特点的识读，如图12-1所示。

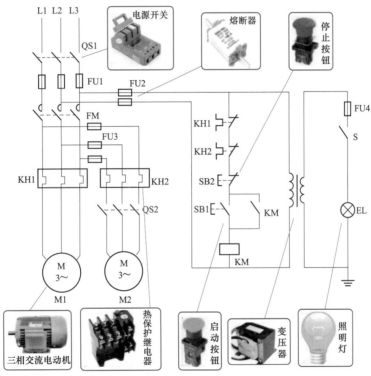

图12-1 C620—1普通车床控制电路结构特点的识读

📖 电路控制过程的识读分析

电动机M1是C620—1普通车床的主轴电动机，电动机M2为车床的冷却泵电动机，其主轴的正反转是通过机械作用来实现的。

（1）机床主轴控制过程的识读分析（见图12-2）。合上电源开关QS1，按下启动按钮SB1，交流接触器KM线圈通电，主触点KM闭合，动合辅助触点KM闭合自锁，电动机M1运转，带动车床的主轴根据需要正转或反转。

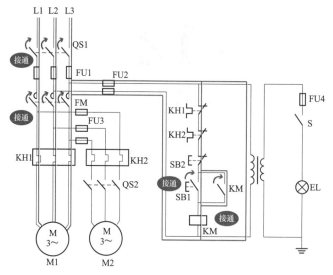

图 12-2　机床主轴控制过程的识读分析

（2）冷却泵的控制过程的识读分析（见图 12-3）。若需要冷却泵时，合上开关 QS2，电动机 M2 绕组与电源接通运转，带动冷却泵为车床加床提供冷却。

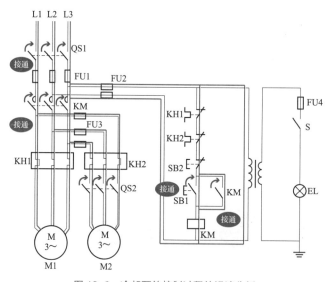

图 12-3　冷却泵的控制过程的识读分析

（3）车床照明的控制过程的识读分析（见图12-4）。当车床需要照明时，合上开关 S，照明电灯 EL 亮。

　专 家 提 示

热继电器 KH1、KH2 为该机床的过负荷保护元件，热继电器 KH1 对车床主轴的电动机提供过负荷保护，KH2 对车床冷却泵电动机提供过负荷保护。

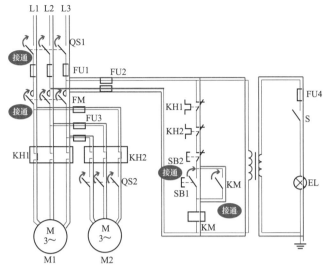

图 12-4　车床照明的控制过程的识读分析

2　B665 牛头刨床控制电路的识读技巧

📖 电路结构特点的识读

B665 牛头刨床控制电路结构特点的识读，如图 12-5 所示。

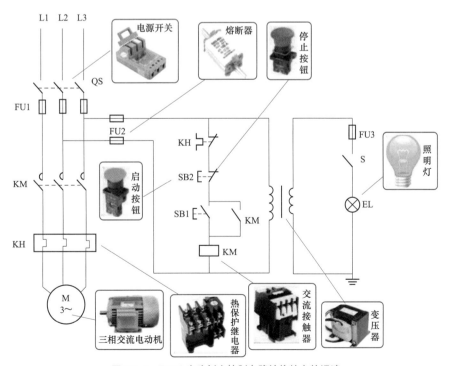

图 12-5　B665 牛头刨床控制电路结构特点的识读

📖 **电路控制过程的识读分析**

（1）工作平台的控制过程的识读分析（见图 12-6）。合上电源开关 QS，按下启动按钮 SB1，交流接触器 KM 线圈通电，主触点 KM 闭合，动合辅助触点 KM 闭合自锁，电动机 M 通电运转，带动刨头在工作平台纵横运动。

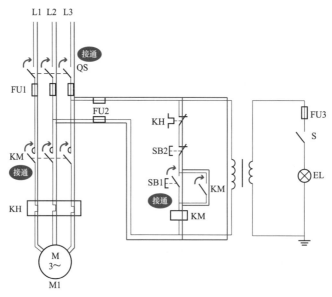

图 12-6　工作平台的控制过程的识读分析

（2）车床照明的控制过程的识读分析。车床照明的控制过程的识读分析，如图 12-7 所示。当刨床加工需要照明时，合上开关 S，照明电灯 EL 亮。

专家提示

KH 为 B665 牛头刨床主轴电动机的过载保护元件。

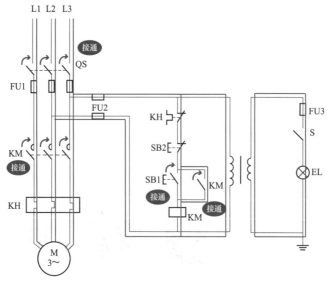

图 12-7　车床照明的控制过程的识读分析

3 Y3150 滚齿机控制电路的识读技巧

📖 电路结构特点的识读

Y3150 滚齿机控制电路结构特点的识读，如图 12-8 所示。

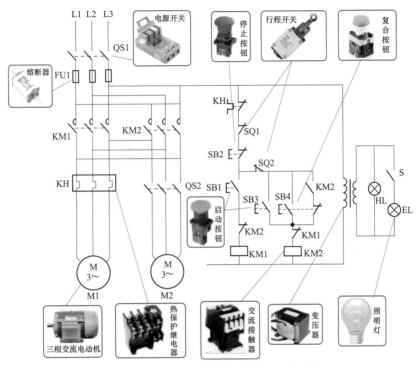

图 12-8　Y3150 滚齿机控制电路结构特点的识读

📖 电路控制过程的识读分析

图 12-8 中，电动机 M1 为滚齿机主轴电动机；电动机 M2 为滚齿机冷却泵电动机。

（1）滚齿加工控制过程的识读分析（见图 12-9）。合上电源开关 QS1，按下启动按钮 SB3，

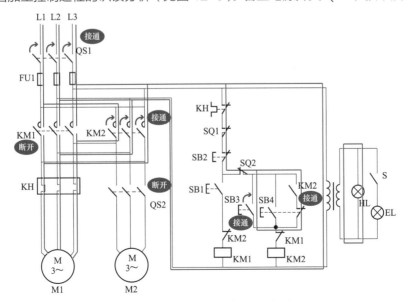

图 12-9　滚齿加工控制过程的识读分析

接触器 KM2 线圈通电，主触点 KM2 闭合，动合辅助触点 KM2 闭合自锁，电动机 M1 反转，带动刀架向下工作，滚齿加工完成。

当刀架撞块撞到行程开关 SQ2 后，电动机 M1 停止运转，如图 12-10 所示。

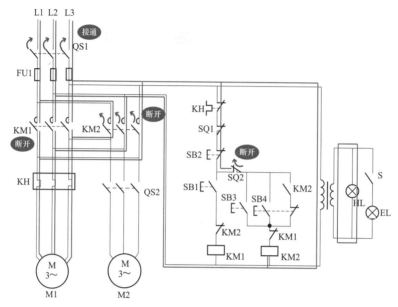

图 12-10　刀架撞块撞到行程开关 SQ2

（2）刀架向上移动控制过程的识读分析（见图 12-11）。当需要刀架移动到上方，按下启动按钮 SB1，交流接触器 KM1 线圈通电，主触点 KM1 闭合，电动机正向运转，带动刀架向上移动。

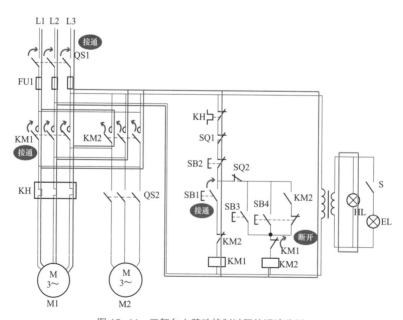

图 12-11　刀架向上移动控制过程的识读分析

（3）工件冷却控制过程的识读分析（见图 12-12）。当工件加工需冷却时，合上开关 QS2，电动机 M2 得电运转，带动冷却泵为工件加工冷却。工件加工还可按下点动加工按钮 SB4，实现加工的点动控制。

专家提示

热继电器 KH 为滚齿主轴电动机 M1 的过载保护元件。

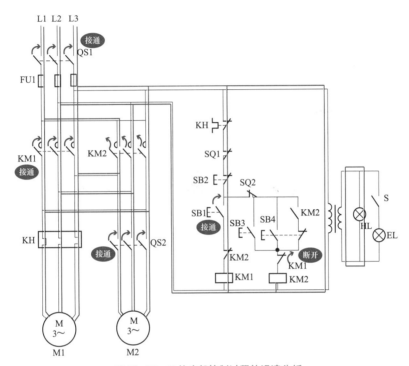

图 12-12　工件冷却控制过程的识读分析

4　C6132 卧式车床控制电路的识读技巧

📖 电路结构特点的识读

C6132 卧式车床控制电路结构特点的识读，如图 12-13 所示。

📖 电路控制过程的识读分析

图 12-14 中，电动机 M1 为进给电动机；电动机 M2 为润滑油泵电动机；电动机 M3 为冷却泵电动机。合上电源开关 QS1（断路器），电源指示灯 HL 亮。

（1）润滑油泵启动控制过程的识读分析（见图 12-14）。先将操作手柄扳至"准确"位置，继电器 K 线圈得电，动合触点 K 闭合，按下启动按钮 SB2，交流接触器 KM3 线圈得电，主触点 KM3 闭合，动合辅助触点 KM3 闭合，电动机 M2 得电运转，带动润滑油泵为主轴电动机工作做准备。同时电动机 M1 正转或反转，由手柄开关控制。

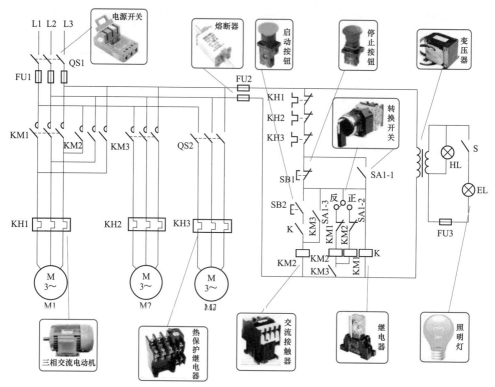

图 12-13　C6132 卧式车床控制电路结构特点的识读

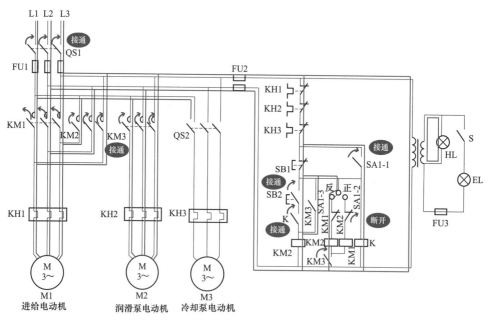

图 12-14　润滑油泵启动控制过程的识读分析

（2）主轴电动机控制过程的识读分析（见图 12-15）。将操作手柄扳至"正"位置，交流接触器 KM1 线圈得电，主触点 KM1 闭合，动断辅助触点 KM1 断开联锁，电动机 M2 得电正向运转。当主轴需反向运转时，将手柄扳至"反"位置，交流接触器 KM2 线圈得电，主触点 KM2 闭合，动断辅助触点 KM2 断开联锁，电动机 M2 得电反向运转，带动主轴工作。其控制过程与润滑油泵启动控制过程图相同。

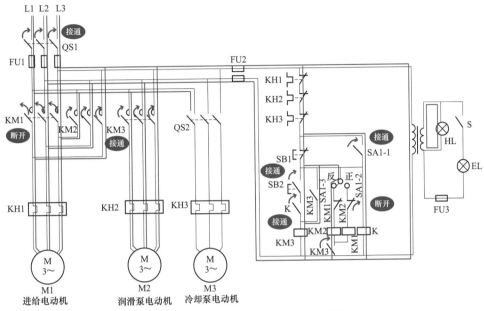

图 12-15　主轴电动机控制过程的识读分析

（3）冷却泵电动机控制过程的识读分析（见图 12-16）。工件加工需冷却时，合上开关 QS2，电动机 M3 得电运转，带动冷却泵为车床加工提供冷却。

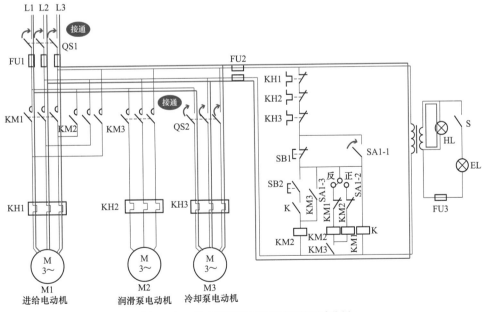

图 12-16　冷却泵电动机控制过程的识读分析

（4）照明控制过程的识读分析，如图 12-17 所示。合上开关 S，照明电灯 EL 亮。

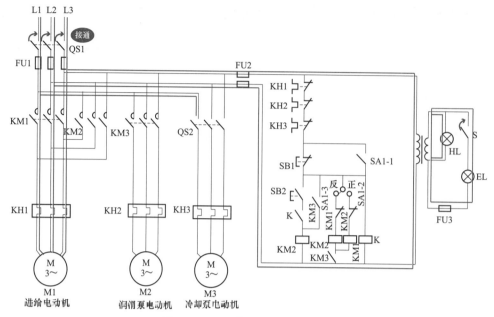

图 12-17　照明控制过程的识读分析

（5）电动机停止控制过程的识读分析，如图 12-18 所示。当车床加工完成时，按下停止按钮 SB1。

热继电器 KH1 是进给电动机 M1 的过负荷保护元件，热继电器 KH2 是润滑泵电动机 M2 的过负荷保护元件，热继电器 KH3 是冷却泵电动机 M3 的过负荷保护元件。

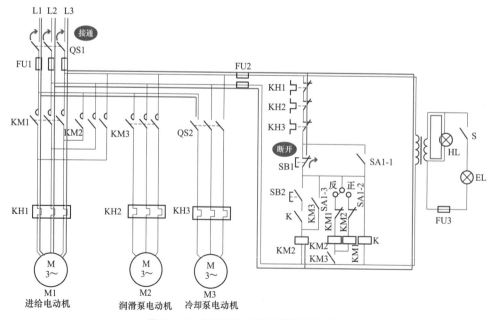

图 12-18　电动机停止控制过程的识读分析

5 导轨磨床控制电路的识读技巧

📖 **电路结构特点的识读**

导轨磨床控制电路结构特点的识读，如图 12-19 所示。

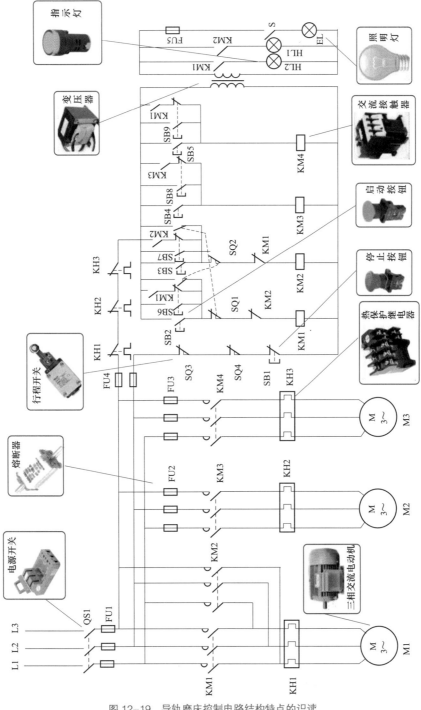

图 12-19 导轨磨床控制电路结构特点的识读

◫ **电路控制过程的识读分析**

图中，电动机 M1 为工作台主轴电动机；电动机 M2 为右侧砂轮电动机；电动机 M3 为左侧砂轮电动机。

（1）工作台向右移动控制过程的识读分析（见图 12-20）。合上电源开关 QS1，按下启动按钮 SB2，交流接触器 KM1 线圈通电，主触点 KM1 闭合，动合辅助触点 KM1 闭合自锁，动断辅助触点 KM1 断开联锁，电动机通电正转，带动工作台向右移动。同时工作台向右运行指示灯 HL2 亮。

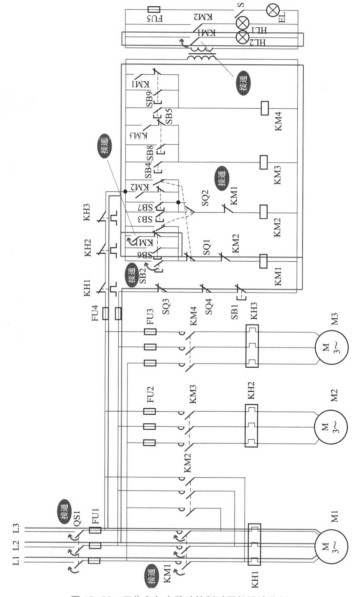

图 12-20　工作台向右移动控制过程的识读分析

（2）工作台向左移动的控制过程的识读分析（见图 12-21）。若需要工作台向左移动时，按下启动按钮 SB3，交流接触器 KM2 线圈通电，其触点动作，电动机 M1 通电反转，带动工作台向左移动。同时工作台向左运行，指示灯 HL1 亮。

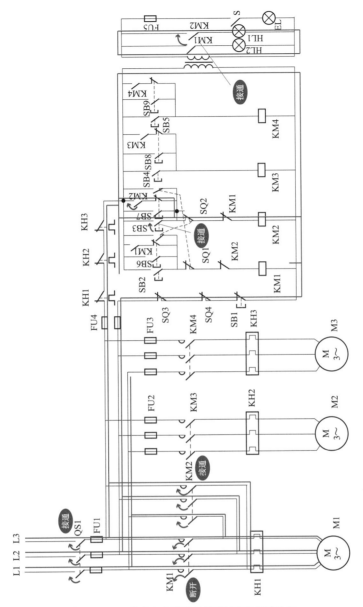

图 12-21　工作台向左移动的控制过程的识读分析

（3）右侧砂轮机工作的控制过程的识读分析（见图 12-22）。当需要侧砂轮工作时，按下启动按钮 SB4，交流接触器 KM3 线圈通电，其触点动作电动机 M2 得电运转，带动右侧砂轮机工作。

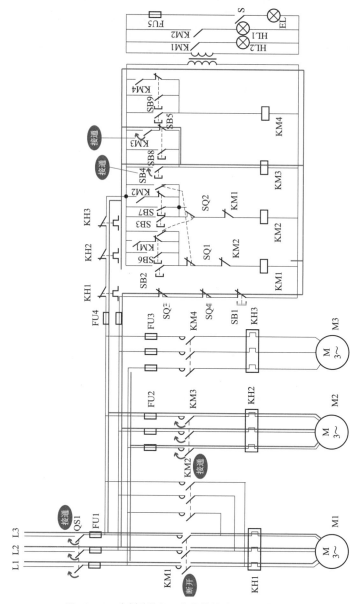

图 12-22　右侧砂轮机工作的控制过程的识读分析

　　（4）左侧砂轮机工作的控制过程的识读分析（见图 12-23）。当需要左侧砂轮工作时，按下启动按钮 SB5，交流接触器 KM4 线圈得电，其触点动作电动机 M3 得电运转，带动左侧砂轮机工作。

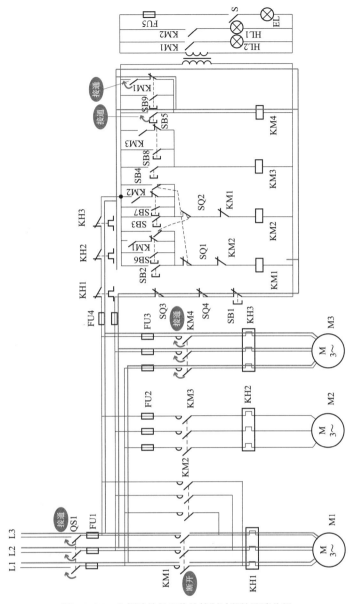

图 12-23　左侧砂轮机工作的控制过程的识读分析

（5）行程开关的控制过程的识读分析。

行程开关 SQ1、SQ2 在电路中具备自动往返控制作用。工作向右移动至末端时，撞块碰到行程开关 SQ1，SQ1 动作，交流接触器 KM1 断电，KM2 通电，电动机 M1 停止正转，开始反转，工作平台开始向左移动。当左移至末端时，撞块碰到行程开关 SQ2，电动机再次正转，工作台向右移动。

　　热继电器 KH1 是主轴电动机 M1 的过负荷保护元件；热继电器 KH2 是右侧砂轮电动机 M1 的过负荷保护元件；热继电器 KH3 是左侧砂轮电动机 M3 的过负荷保护元件。

6 Y7131齿轮磨床控制电路的识读技巧

电路结构特点的识读

齿轮磨床控制电路结构特点的识读,如图 12-24 所示。

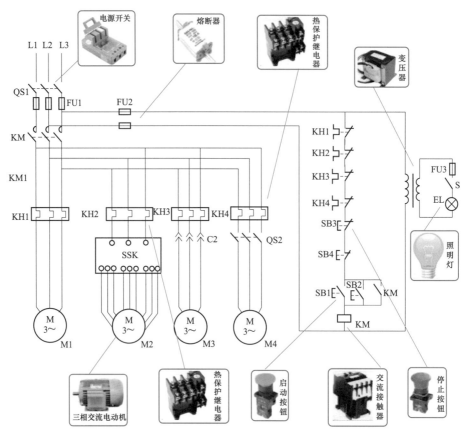

图 12-24 齿轮磨床控制电路结构特点的识读

📖 **电路控制过程的识读分析**

图 12-25 中,电动机 M1 是减速箱电动机;电动机 M2 是多速电动机(有三种转速);电动机 M3 是油泵电动机;电动机 M4 是砂轮电动机。SSK 是三速开关。CZ 是插座。

(1)减速电动机的控制过程的识读分析(见图 12-25)。合上电源开关 QS1,按下启动按钮 SB1 或 SB2,交流接触器 KM 线圈通电,主触点 KM 闭合,动合辅助触点 KM 自锁,减速箱中的减速电动机通电运转。

(2)油泵电动机的控制过程的识读分析(见图 12-26)。合上三速开关 SSK,根据需要调节所需的速度,电动机 M2 通电按所需速度运转,当需要油泵电动机 M3 运转时,插上插头 CZ,电动机 M3 通电运转。

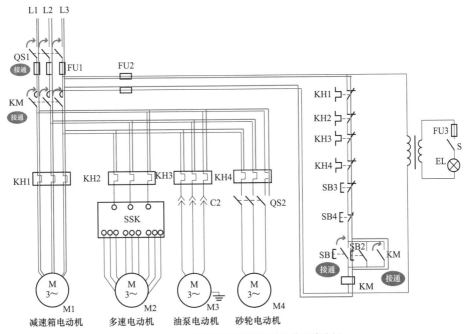

图 12-25　减速电动机的控制过程的识读分析

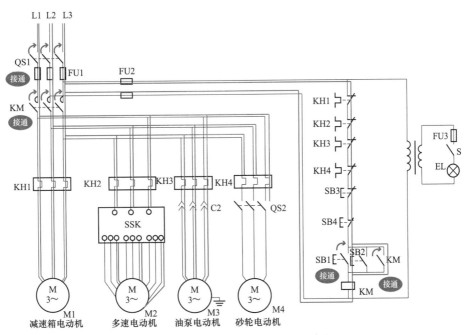

图 12-26　油泵电动机的控制过程的识读分析

（3）砂轮机电动机的控制过程的识读分析（见图 12-27）。若需要砂轮机工作时，合上开关 QS2，电动机 M4 通电运转，带动砂轮机工作。

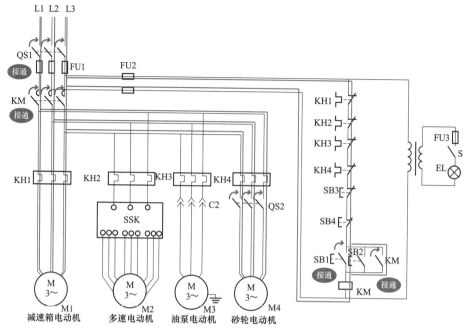

图 12-27　砂轮机电动机的控制过程的识读分析

（4）停止的控制过程的识读分析（见图 12-28）。需要停止时，按下停止按钮 SB3 或 SB4，控制主回路断开，交流接触器 KM 线圈断电，其触点复位，所有电动机均与电源断开连接。

专 家 提 示

　　热继电器 KH1 是减速箱电动机 M1 的过负荷保护元件；热继电器 KH2 是多速电动机 M2 的过负荷保护元件；热继电器 KH3 是油泵电动机 M3 的过负荷保护元件；热继电器 KH4 是砂轮电动机 M4 的过载保护元件。

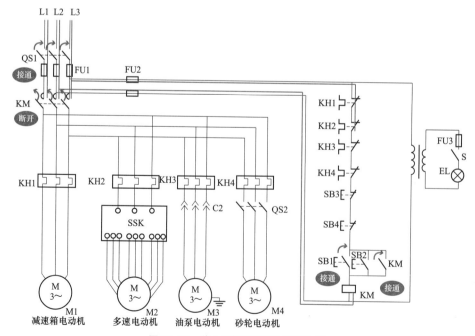

图 12-28　停止的控制过程的识读分析

7 X8120W 万能工具铣床控制电路的识读技巧

📖 **电路结构特点的识读**

X8120W 万能工具铣床控制电路结构特点的识读，如图 12-29 所示。

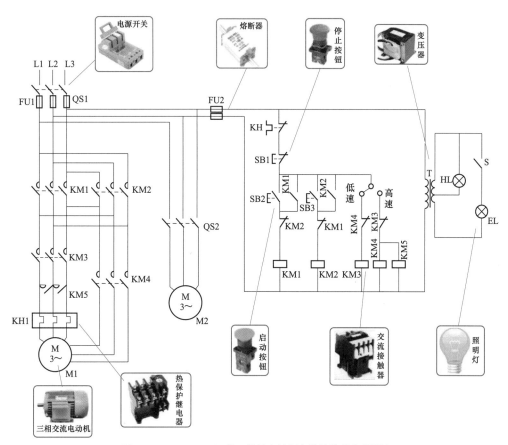

图 12-29 X8120W 万能工具铣床控制电路结构特点的识读

📖 **电路控制过程的识读分析**

图 12-30 中，电动机 M1 为铣头电动机；电动机 M2 为冷却泵电动机；HL 为电源指示灯。合上电源开关 QS1 进行以下操作：

（1）铣头电动机正转高低速运行控制过程的识读分析。

1）铣头电动机正转低速运行。电动机正转低速时，将手柄扳至低速位置，按下正转启动按钮 SB2，交流接触器 KM1、KM3 线圈通电，其各触点动作，电动机 M1 通电低速运转。铣头电动机正转低速运行控制过程的识读分析，如图 12-30 所示。

2）铣头电动机正转高速运行。

电动机正转高速时，将手柄扳至高速位置，按下正转启动按钮 SB2，交流接触器 KM1、KM4、KM5 线圈通电，其各自触点动作，电动机 M1 通电高速运转。铣头电动机正转高速运行控制过程的识读分析，如图 12-31 所示。

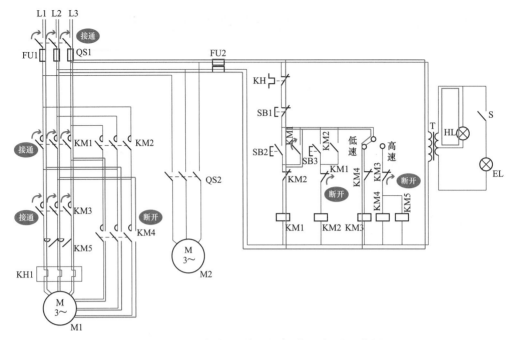

图 12-30　铣头电动机正转低速运行控制过程的识读分析

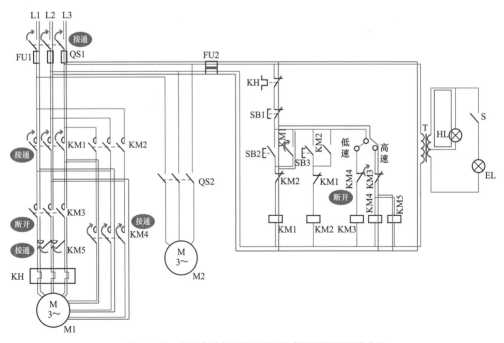

图 12-31　铣头电动机正转高速运行控制过程的识读分析

（2）铣头电动机反转高低速运行控制过程的识读分析。

1）电动机反转低速运行。电动机反转时，低速将手柄扳至低速位置，按下启动按钮 SB3，交流接触器 KM2、KM3 线圈得电，其各自触点动作，电动机 M1 低速反向运转。铣头电动机反转低低速运行控制过程的识读分析，如图 12-32 所示。

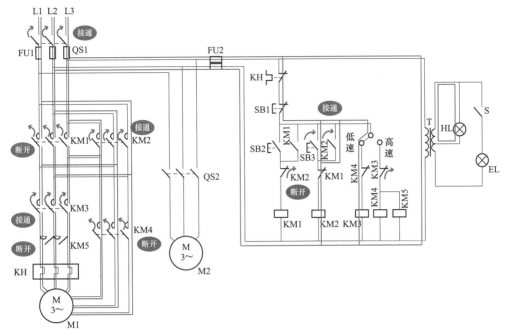

图 12-32　铣头电动机反转低速运行控制过程的识读分析

2）电动机反转高速运行。电动机反转高速时将手柄扳至高速位置，按下启动按钮 SB3，交流接触器 KM2、KM4、KM5 线圈通电，其各自触点动作，电动机 M1 高速反向运转，铣头电动机反转高速运行控制过程的识读分，如图 12-33 所示。

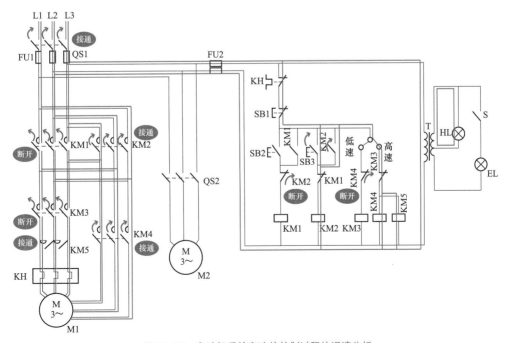

图 12-33　电动机反转高速的控制过程的识读分析

（3）冷却泵电动机的控制过程的识读分析。当工件加工需冷却时，合上开关 QS2，冷却泵电动机 M2 运转，带动冷却泵为工件加工提供冷却。

（4）铣床照明的控制过程的识读分析。合上开关 S，照明电灯 EL 亮。

热继电器 KH 为铣头电动机 M1 的过负荷保护元件。

第13章
照明电路的识读技巧

1 两地控制一盏灯电路的识读技巧

两地控制一盏灯电路结构特点的识读，如图 13-1 所示。

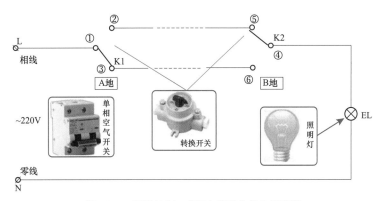

图 13-1 两地控制一盏灯电路结构特点的识读

220V 相线端通过 A 地开关 K1 和 B 地开关 K2 与灯泡串联返回零线构成回路。图中所示为开路状态，灯泡不亮。

（1）A 地操作灯泡通电点亮。当在 A 地操作开关 K1 时，其触点①和③断开后，①与②相连，这时由于 B 地开关④、⑤相连，所以灯泡通电点亮，如图 13-2 所示。

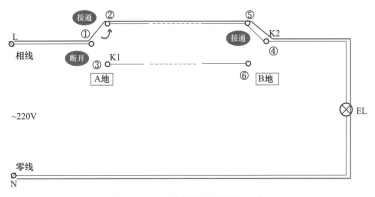

图 13-2 A 地操作灯泡通电点亮

（2）B地操作灯泡通电点亮。当到达 B 地操作开关 K2 时，其触点④与⑤断开后和⑥闭合。由于这时 A 地开关 K1 的①、②触点相连，灯泡熄灭，如图 13-3 所示。

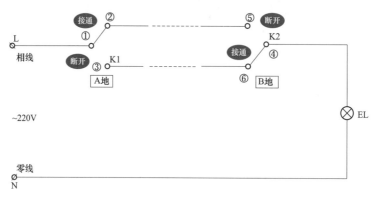

图 13-3 B 地操作灯泡通电点亮

（3）再回到 A 地操作灯泡通电点亮。当再回到 A 地操作开关 K1 时，触点①和③相连，由于 K2 的触点④和⑥相连，所以灯泡仍会点亮，如图 13-4 所示。

专家提示

该电路制作容易，购买两只双触点开关，多加一根导线就可以制成。该电路适用于楼道灯光控制和共用灯光控制使用。

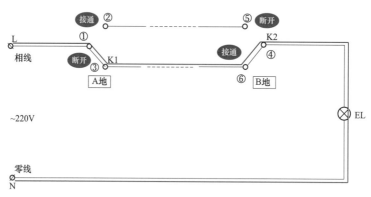

图 13-4 再回到 A 地操作灯泡通电点亮

2 在三个楼层都可控制一盏灯电路的识读技巧

三个开关控制一只灯泡电路结构特点的识读，如图 13-5 所示。

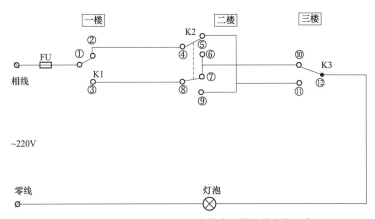

图 13-5　三个开关控制一只灯泡电路结构特点的识读

　　市电 220V 电压经熔断器 FU 与开关 K1、K2、K3 和灯泡串接在一起可构成回路。其中 K1 和 K3 为单刀双掷开关，K2 为双刀双掷开关。图中所示为断路状态，灯泡不亮。

　　（1）在一楼操作开关灯泡通电点亮的控制（见图 13-6）。当在一楼操作开关 K1 时，其触点 ①与②断开，而①与③闭合，这时电压经过 K1 ①进③出至开关 K2 触点 ⑧进⑦出，开关 K3 触点 ⑩进 ⑫ 出经灯泡形成回路，灯泡点亮。

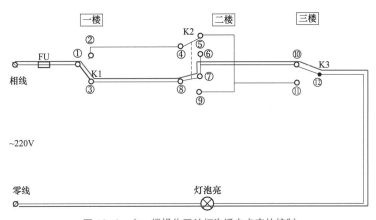

图 13-6　在一楼操作开关灯泡通电点亮的控制

　　（2）在二楼操作开关灯泡通电点亮的控制（见图 13-7）。这时如在二楼操作开关 K2，则其触点④与⑥相连，⑧与⑨相连（④与⑤断开，⑧与⑦断开），灯泡电源切断熄灭。

　　（3）在三楼操作开关灯泡熄灭的控制（见图 13-8）。这时到达三楼操作开关 K3 时，其触点 ⑪ 与 ⑫ 相连（⑩ 与 ⑫ 断开），电压经 K1 触点①和 ③至 K2 触点⑧和⑨后通过 K3 触点 ⑪ 与 ⑫ 与灯泡形成回路，灯泡点亮。不论在何处操作开关都能使灯泡点亮或者熄灭。

　　制作该控制电路只需购买 2 只单刀双掷开关和一只双刀双掷开关就可以安装。该电路比较适合用于楼道照明灯的控制。

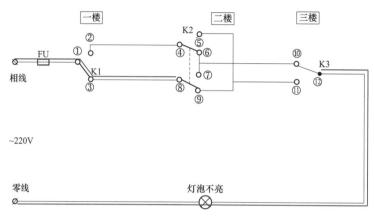

图 13-7　在二楼操作开关灯泡通电点亮的控制

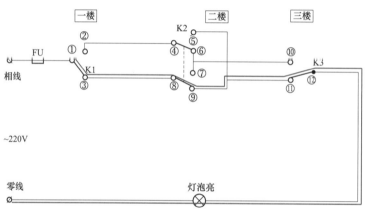

图 13-8　在三楼操作开关灯泡熄灭的控制

3　路灯控制电路的识读技巧

路灯控制电路如图 13-9 所示。

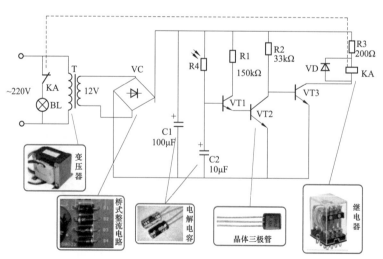

图 13-9　路灯控制电路

市电 220V 交流电压经变压器 T 降压后，又经桥式整流电路 VC 整流及电容 C1 滤波后，向电路提供正常工作电压。

（1）白天有光照时的控制过程。当白天有光照时，光敏电阻呈现低阻状态，三极管 VT1 因基极电压升高而导通，随之 VT2 也跟着导通，VT3 因基极电压下降而截止，继电器 KA 不动作。

（2）晚上光照强度变弱时的控制过程。当晚上光照强度变弱时，光敏电阻 RG 呈高阻状态，VT1 因基极电压下降而截止，随之 VT2 也截止，VT3 因基极电压上升而导通，继电器 KA 得电吸合，其动合触点闭合，灯泡通电变亮。

> **专家提示**
>
> 该电路制作简单，性能比较稳定，适合自行制作。电路中 VT1、VT2 可使用 NPN 型高频管，放大倍数要高，VT3 用 NPN 型中功率三极管，二极管 VD 起保护三极管 VT3 的作用。该电路适用于街道、马路路灯的自动控制。

4 多只荧光灯整体启动电路的识读技巧

该电路工作时可一次性启动多只并联的荧光灯管，荧光灯工作时由中间继电器控制。

多只荧光灯整体启动电路，如图 13-10 所示。

当 AC220V 电源通过 L、N 端子和压敏电阻 RV 后被分成 3 路：第一路由熔断器 FU2，继电器 K1 和并联的 n 支荧光灯后与电源构成主回路。第二路 AC220V 电压经关闭按钮 SB1、继电器 K1 和 K2 的动合触头为 K1 的线圈供电实现自锁。第三路 AC220V 电压则经熔断器 FU1 之后被继电器 K2~Kn 线圈和整流二极管 VD1~VD4 进行降压和滤波，然后再提供给以按钮 SB2 为中心的控制回路，即由电容 C、微调电阻 RP 和晶闸管组成的延时启动控制电路。

（1）按下启动按钮 SB2 时的控制过程。当按下启动按钮 SB2 时，约 6V 的直流电压经二极管 VD5、闭合的按钮 SB2 为电容 C 充电。当 C 的两端电压足够高时，经微调电阻 RP 为晶闸管 SCR 提供触发电压信号，SCR 导通，线圈 K2~Kn 通电被励磁而控制其相应的动合触头闭合。与此同时，和动合触头 K1 并联的 K2 触头闭合，线圈 K1 通电励磁而吸合动合触头 K1，促使荧光灯 EL1~ELn 的主回路闭合导通，并对灯丝进行预热，然后将其点燃。

（2）松开按钮 SB2 时的控制过程。当松开按钮 SB2 时，SB2 自动复位呈常开状态，电容 C 上充得的电荷便通过 RP 和 SCR 的触发极泄放掉，SCR 失去触发电压。由于线圈 K2~Kn 并联后的总电流不足以维持 SCR 的导通而使其变为截止状态，线圈 K2~Kn 的励磁消失，相应的 K2~Kn 触头恢复原来状态，荧光灯的启动控制电路退出工作状态。

（3）熄灭照明灯的控制过程。若需要熄灭照明灯时，只需按下按钮 SB1 即可。当动断按钮 SB1 断开时，继电器线圈 K1 中励磁消失，动合触头 K1 恢复原来状态，EL1~ELn 失电熄灭。

> **专家提示**
>
> 由于受晶闸管 SCR 和继电器 K 的性能所限制，一般一只继电器控制的荧光灯应不多于 4 只为宜，并且整个电路一次性启动的荧光灯数为 15 只左右。控制回路中电容 C 的放电时间决定着继电器触点的闭合时间，通常允许其放电时间在 1.5s 左右，若放电时间过长则灯丝预热时间较长容易老化，若 C 的放电时间过短则灯丝预热时间较短而不易启动。该电路主要应用于超市、车间、商场等需要大面积使用荧光灯照明的地方。

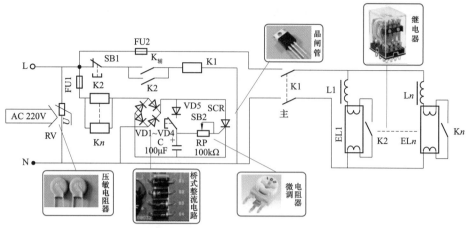

图 13-10　多支荧光灯整体启动电路

5　普通金卤灯的启动电路的识读技巧

　　普通金卤灯的启动电路，如图 13-11 所示。普通金卤灯的启动电路主要由镇流器和 RC 降压电路组成。当开关 K 闭合之后，AC220V 电压由 L、N 端子进入电路，首先经过由熔断器 FU 和压敏电阻 RV 组成的保护电路，再经镇流器自耦、与电容 C 串联谐振产生高压电阻 R 阻尼后，为 EL 提供驱动高压，并点亮 EL，使其进入正常的工作状态。

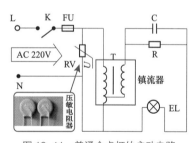

图 13-11　普通金卤灯的启动电路

　　该电路中除了不同规格的金卤灯要选用不同参数的镇流器之外，电路中的电容容量也要适当地进行选取。一般线电流为 1.1A 左右时，可选用耐压值在 450V 以上容量约 13μF 的电容器；线电流为 1.5A 左右时，可选用耐压值在 450V 以上容量约为 18μF 的电容器；线电流为 3.15A 左右时，可选用耐压值在 560V 以上容量约 26μF 的电容器；线电流为 5.2A 左右时，可选用耐压值在 540V 以上容量约 30μF 的电容器。

6　电子节能灯电路的识读技巧

　　该电子节能灯电路如图 13-12 所示。它主要由电源保护电路、整流滤波电路和高频谐振电路三部分组成。当该电路接通电源时，AC220V 电压经保护电路中的熔断器 FU、正温度系数热敏电阻 PTC 和压敏电阻 RV 之后，被输送至整流、滤波电路。

　　（1）电源工作原理。首先由整流桥 VD1~VD4 将交流电进行全波整流，再由低频滤波电容 C1 滤波后，把更加平滑的直流电送到后级高频谐振电路中。其中 VT1、VT2 为功率开关三极管，线圈 N3、电感 L、灯管 EL 和电容 C3、C5 构成 LC 串联输出电路。

　　（2）电子节能的控制过程。在接通电源瞬间，由于振荡电路的特性必然会有一只功率开关三极管首先导通，然后在变压器 T 的耦合作用下另一只功率开关三极管随之导通，此时先导通的一只功率开关三极管因基极线圈电动势翻转而截止。就这样通过变压器磁通的周期性翻转，两只功率开关三极管便交替导通与截止，即该电路起振。

与此同时，高频振荡信号通过 LC 串联谐振电路在电容 C3 的两端产生足以点亮 EL 的谐振电压。当 EL 被点亮开始工作后，LC 串联电路建立的谐振条件丧失，电容 C3 两端的高电压随之消失，EL 进入正常工作状态。

专家提示

该电路中的功率开关三极管要选用耐压值在 400V 以上且具有相同参数的三极管，主滤波电容 C1 的耐压值也应在 400V 以上。并且要注意不能轻易改变高频谐振电路中元器件的性能参数。

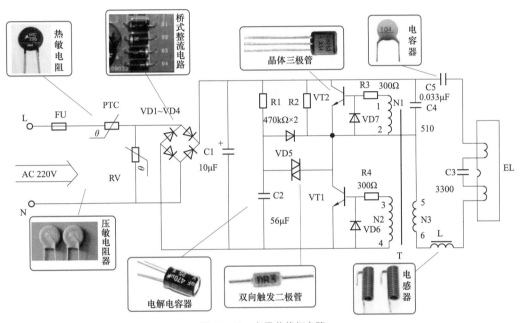

图 13-12 电子节能灯电路

7 照明灯热释电红外模块控制电路的识读技巧

照明灯热释电红外模块控制电路。主要由电源保护电路、负荷电路、整流滤波电路和控制电路四部分组成。在控制回路中采用了具有红外传感功能的热释电红外传感模块 IC2，如图 13-13 所示。

（1）电源工作原理。该电路工作时由 AC220V 市电提供电源，当开关 K 闭合时，AC220V 电压经过由熔断器 FU 和压敏电阻 RV 组成的保护电路之后被分成两路，其中一路经负荷 EL 和双向晶闸管 SCR 构成闭合回路；另一路则经变压器 T 降压后由 VD1~VD4 桥式整流，电容 C1~C4 和三端稳压集成电路 IC1 进行高、低频滤波稳压成恒定的 5V 直流电后提供给传感器电路。

（2）探头侦测范围之内出现移动的陌生人。当热释电红外模块探头侦测范围之内出现移动的陌生人时，IC2 的内部电路将探测到的人体红外线信号进行处理，并由其 OUT 脚输出高电平的控制信号经电阻 R1 和 R2 分压后送至三极管 VT 的基极，以促使 c、e 极间导通，并由 VT 的发射极将放大的控制信号经电阻 R1 触发晶闸管 SCR 退出截止状态，EL 随着 SCR 的导通而被点亮开始工作。

（3）探头侦测范围之内移动的陌生人消失。当 AMN1 探头侦测范围之内移动的陌生人消失时，IC2 的 OUT 脚由输出的高电平信号变为低电平，VT 因基极控制信号的消失而截止，EL 也随着 SCR 的截止而停止工作。

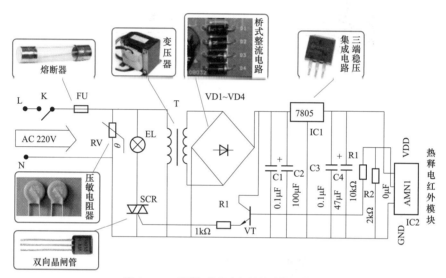

图 13-13　照明灯热释电红外模块控制电路

8 照明灯热释电红外模块与集成定时器的控制电路的识读技巧

该电路如图 13-14 所示，控制电路部分采用了定时集成电路（又称时基芯片）NE555 和热释电红外模块 BH9402 进行控制。

（1）电源工作原理。该电路采用 AC220V 市电作为工作电源，当开关 K 闭合时，AC220V 电压由 L、N 端子经熔断器 FU 和压敏电阻 RV 组成的保护电路后被分为两路：一路为负荷电路提供工作电源；另一路则由变压器 T 降压后经整流滤波和稳压电路提供给控制电路。

（2）白天光线亮度比较强的特点。白天光线亮度比较强时光敏电阻 RG 阻值较低，其与 IC2 的 SL 脚内部的电路分压后使 SL 脚为低电平。此时 IC2 的 CP 脚无信号输出。

（3）晚上光线亮度较暗的特点。当晚上光线亮度较暗时，RG 变成高阻状态，其与 IC2 的 SL 脚内部电路分压后使 SL 脚电平升高，整个电路进入工作预备状态。

（4）侦测范围之内出现移动的人体。当热释电红外模块 BH9402 的红外传感器侦测范围之内出现移动的人体时，经 IC2 内部电路对检测到人体红外线信号进行取样和运算之后从 CP 脚输出一个高电平信号使 VT 瞬间导通，经 IC3 的②脚对该信号接收后从③脚输出高电平的脉冲信号再经电阻 R1 触发双向晶闸管 SCR 导通工作，EL 被点亮。

（5）侦测范围之内的人体消失。当移动的人体从热释电红外传感器的侦测范围中消失时，经 IC2 的内部电路对检测信号进行取样和运算。控制其 CP 脚不再向外输出高电平信号，双向晶闸管 SCR 随着 VT 的截止而截止，照明灯 EL 熄灭。

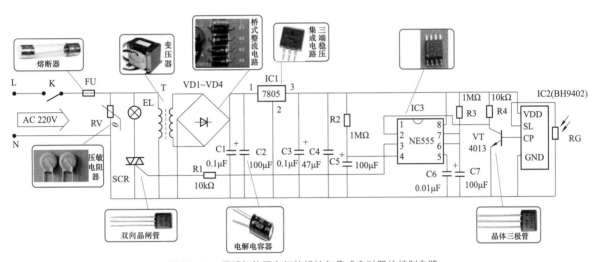

图 13-14　照明灯热释电红外模块与集成定时器的控制电路

9　灯泡亮度控制电路的识读技巧

灯泡亮度控制电路如图 13-15 所示。其工作原理如下：市电 220V 电压通过多挡开关 K 与灯泡串联。

（1）开关 K 置于①位置灯泡最亮。当开关 K 置于①位置时（即图中位置），灯泡断电不亮，置于②时，灯泡和线路直接相连，灯泡最亮。

（2）开关 K 置于③位置灯泡亮度减半。当将开关 K 拨到③位置时，这时电源通过二极管 VD 半波整流后给灯泡供电，灯泡在半亮状态，也就是只有直接通电的亮度的一半。

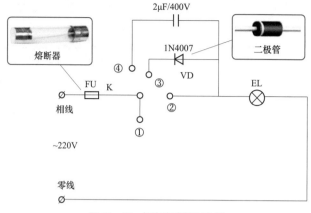

图 13-15　灯泡亮度控制电路

（3）开关 K 置于①位置灯泡微亮。当开关 K 置于④位置时，电压通过电容降压后供给灯泡，这时灯泡处在微亮状态。

10　白炽灯亮度调节电路的识读技巧

白炽灯的亮度调节电路如图 13-16 所示。

（1）电路工作原理。该电路采用了四挡触摸式步进亮度调节集成电路 IC（M668），工作时可控制灯光在微亮→亮→最亮→熄灭……之间进行切换。当接通电源时，AC220V 电压经白炽灯 EL 和整流桥 VD1~VD4 之后输出直流电压并分成三路；第一路经晶闸管 SCR 与电源构成回路，即该电路的主电路；第二路经降压电阻 R10、滤波电容 C2 和稳压二极管 VD 构成的稳压电路后输出的 6V 的直流电压提供给 IC 的⑧脚，作为 IC 工作电源；第三路经电阻 R9、R8 和 R7 分压后为 IC 的⑤脚提供同步信号。

（2）操作者用手触摸感应器时的控制过程。当操作者用手触摸感应器 M 时，人体感应信号便经电阻 R1~R4 和高频旁路滤波电容 C3 被输送到 IC（M668）的②脚。以供其内部电路进行检测。然后由 IC 的⑦脚输出脉冲控制信号，经信号电容 C1 耦合被加至晶闸管 SCR 的触发极，以控制 SCR 的导通角电压来改变 EL 的工作电压。

（3）操作者用手反复触摸感应器时的控制过程。反复触摸 M 时 EL 的发光亮度便依据微亮→中亮→最亮→熄灭的步进顺序进行工作。其中 R1~R4 主要用于保证操作者的安全，EL 的功率应小于或等于 100W。若需要 EL 单纯的发光或熄灭时，只需将 IC 的④脚不再与①脚连接改接⑧脚即可，此时控制电路就变成了完全意义上的触摸式开关。

　　该电路中使用的白炽灯功率应不大于 100W 为宜，若选择的白炽灯功率过大时，则主电路中的电流也会随之增大，有可能会损坏整流桥和晶闸管。另外，感应器 M 采用电极片，其电路中串接的电阻 R1 ~ R4 为安全电阻，在实际的应用过程中可用阻值相近的电阻进行替换。

　　该电路主要应用在对调光（或光线）要求不太严格的环境中，可根据环境的要求调节灯光的亮度。当不需要较强的灯光亮度时可以使用微亮或中亮的发光强度即可满足环境需求，同时还具有节能作用。若需要增加灯光亮度时可步进调节，以避免在极暗的环境中突然亮起强光对人的视觉造成影响。

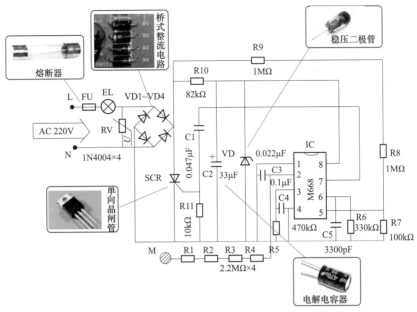

图 13-16　白炽灯亮度调节电路

11 双灯亮度调节电路的识读技巧

该电路可同时控制两盏照明灯的亮度，通过调节电位器 RP1 和 RP2 既可以使两盏灯同时变亮或变暗，也可以使一盏灯变亮，另一盏灯变暗。

双灯亮度调节电路如图 13-17 所示。

（1）电源工作原理。该电路由 AC220V 市电提供工作电源，当闭合开关 K 时，AC220V电压经过由熔断器 FU 和压敏电阻 RV 组成的保护电路之后分成两路：其中一路由白炽灯 EL1、EL2、三端双向晶闸管 SCR1、SCR2 和电感 L 与电源构成主闭合回路；另外一路则为控制回路提供工作电压。

（2）调节 RP2，EL1 和 EL2 的亮度同步变化。当调节 RP2 时，由于其阻值发生变化而通过的电流也随之变化，该电流经过 RP1 后分别经双向二极管 VD1、VD2 为双向晶闸管 SCR1和 SCR2 的触发极提供不同控制信号电压，以改变 SCR1 和 SCR2 的导通角，从而控制 EL1和 EL2 的亮度同步变化，即亮度同时增加或减小。

（3）调节 RP1，EL1 和 EL2 的亮度反向变化。当调节 RP1 时，双向二极管 VD1 和 VD2所得的控制电压不同，SCR1 和 SCR2 的导通角度反向变化，此时，照明灯 EL1 和 EL2 的亮度也反向变化，即当向右调动 RP1 时 EL1 变亮，EL2 变暗。当向左调节 RP1 时，EL1 的亮度下降，EL2 的亮度增加。

（4）特别提示。R3、C3 与 R1 和 R2 分别构成 EL1 和 EL2 的相位校正电路，电感 L 主要用于防止电源中的高次谐波干扰。

> **专家提示**
>
> 该电路其实是两个照明灯亮度调节电路的组合，电路中共用的元器件有开关 K、熔断器 FU，压敏电阻 RV，电位器 RP1 和 RP2，电阻 R3、电容 C3 和电感 L 等。该电路主要用于需要对照明灯亮度进行调节的场所。

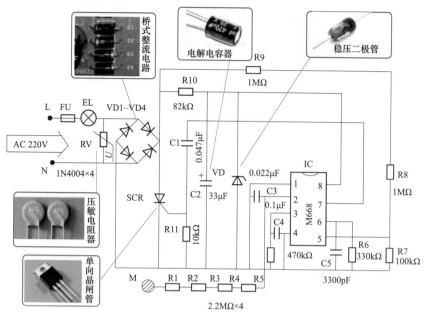

图 13-17 双灯亮度调节电路

12 家用停电应急照明灯电路的识读技巧

家用停电应急照明灯电路如图 13-18 所示。它主要由 6.3V 电源变压器 T，应急照明灯泡 EL 等元器件组成。

（1）市电供电经常的控制过程。当市电供电经常时，变压器 T 输出 6.3V 的交流电压，通过二极管 VD1 整流，电容 C 滤波后经二极管 VD2 向蓄电池充电。同时通过电阻 R1 降压向三极管 VT1 提供正向偏置电压，使 VT1 导通。三极管 VT2 的基极电压因 VT1 导通而降低，使三极管

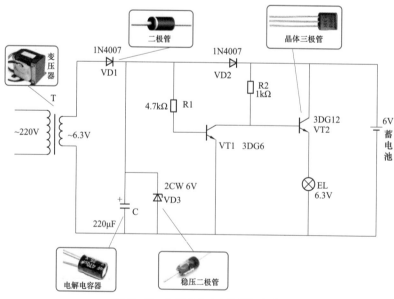

图 13-18 家用停电应急照明灯电路

VT2 截止，灯泡 EL 不亮。

（2）市电停电的控制过程。当市电停电时，电源变压器无电压输出，二极管 VD2 正极失去电压而截止。而蓄电池上的直流电压由于二极管 VD2 的隔离作用，不能给三极管 VD1 提供偏置电压，所以 VT1 截止，VT2 基极经上偏负电阻 R2 获得偏压而导通，灯泡 EL 点亮。

专家提示

该电路简单，元件容易购买，制作容易，价格也比较便宜。电源变压器应选用大功率元件，VT2 为中功率三极管，安装时所用元件只要没有太大的误差，一般都能正常使用。该电路适用家庭或楼道口停电时应急照明。

13 降压启动照明灯电路的识读技巧

降压启动照明灯电路是以低于正常的电压对照明灯进行软启动以延长其寿命的控制电路，其电路如图 13-19 所示。

（1）电源工作原理。当开关 K 闭合后 AC220V 电压经 L、N 端子进入电路，经过由熔断器 FU 和压敏电阻 RV 组成的电源保护电路被分为两路：其中一路由双向晶闸管 SCR 导通为照明灯 EL 提供驱动电压；另一路则作为控制电路的电源。

（2）电源的正半周到来时，照明灯不工作。当电源的正半周到来时，经二极管 VD1、电阻 R1 和二极管 VD2 向电容 C 充电，随着 C 两端的电压逐渐升高，在未达到稳压二极管 VD4 的稳压值之前 VD4 不导通，双向晶闸管 SCR 因无触发电压信号依然保持截止状态，此时照明灯 EL 不工作。

（3）电源的负半周对照明灯灯丝预热。当交流电的负半周到来时，负极性电压通过电阻 R2 和二极管 VD3 施加至双向晶闸管的触发极，SCR 导通，照明灯 EL 的灯丝中有半波交流电经过而对其进行预热。

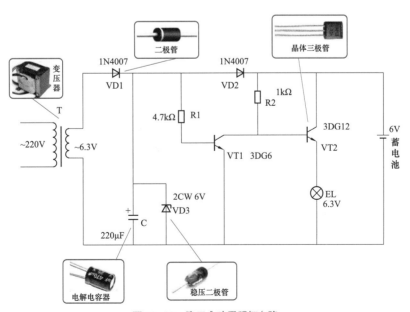

图 13-19　降压启动照明灯电路

（4）交流电在一个周期内的工作过程。在交流电的一个周期内只要 C 两端的电压不超过 VD4 的稳压值，则 EL 的灯丝中只有半个周期的交流电通过。当 C 两端的电压超过 VD4 的稳压值时，VD4 导通，SCR 触发极有足够使 SCR 导通的触发电压，EL 由半压供电并进入正常的工作状态，若电源电压比正常值偏高时，三极管 VT 的基极控制电压升高而使 c、e 极间导通，此时电容 C 中所储存的电荷被泄放掉，SCR 的触发极变为低电平状态而导致 SCR 截止，EL 灯丝中的电流只有半个周期通过。

（5）特别提示。当电网中的浪涌电压袭来时，压敏电阻 RV 也会被击穿并熔断 FU 对后级电路进行保护。

> **专家提示**
>
> 该电路中的普通二极管可采用耐压较高的 1N4007，稳压二极管可选用 2CW57，通过调节 RP 可控制电路中 EL 两端所允许的最高电压。同时，改变电容 C 的容量还可以决定 EL 中半波供电时间的长短，若 C 的容量增大时，则 EL 的半波供电时间延长，若 C 的容量减小时，则 EL 的半波供电时间缩短。该电路主要应用于不需要其他辅助启动设备的照明灯使用，如白炽灯。

14 高压钠灯启动电路的识读技巧

高压钠灯的启动电路主要由镇流器 L 和触发器 IC 为中心构成，具体的电路如图 13-20 所示。该电路工作时由 AC220V 市电提供工作电源。当电路中的开关 K 闭合后 AC220V 电压先经过由熔断器 FU 和压敏电阻 RV 组成的保护电路，再经电容 C、镇流器 L 和触发器 IC 组成高压产生电路产生高电压以驱动高压钠灯管 EL。其中电容 C 主要是用来补偿负荷的功率因数，触发器 IC 主要配合镇流器 L 产生足够的高压以点亮 EL。EL 主要由热继电器、放电管、灯丝和玻璃外壳等组成，电源进入高压钠灯之后，先经过热继电器对其热电阻进行加热。然后热继电器部分的双金属片断开，并在镇流器产生较高自感电动势的作用下促使管内的惰性气体电离击穿放电。其中放电管中充有汞和汞钠剂，通电时放电管能够产生高压汞蒸汽。螺旋形的灯丝中储存有碱金属氧化物，当灯丝被加热后促使其发射电子轰击荧光粉发光。

> **专家提示**
>
> 在线路安装时注意灯管功率与镇流器要相配，坚决不允许用大功率的镇流器启动小功率的灯管，否则易导致灯丝电流过大而损坏。该电路主要用于高压钠灯的启动，广泛应用在车站、广场、工地等需要高强度大范围照明的地方。

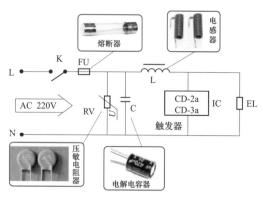

图 13-20　高压钠灯启动电路

15 集成电路 IR2520D 控制的荧光灯电路的识读技巧

该电路如图 13-21 所示，负载 EL 采用 CFL 荧光灯，控制电路部分采用集成电路 IR2520D。

（1）电源工作原理。当开关 K 闭合时，AC220V 电压由 L、N 端子先经过熔断器 FU 和压敏电阻 RV 组成的保护电路，该保护电路主要是防止电网尖峰电压过高或后级电路短路时造成大面积的电路损坏。经过电源保护电路之后由高频滤波电容 C1、C2 和互感滤波器 L1 将电源中的高频杂波滤除，同时该滤波电路还可以防止后级负荷电路中产生的高频脉冲信号窜入电网中。然后，经过滤掉高频谐波的交流电，再由整流桥 VD1~VD4 和电容 C3、C4 组成的整流滤波电路变成直流电源提供给荧光灯驱动回路。

（2）集成电路 IR2520D 控制的荧光灯。在通电的瞬间，被整流、滤除后的直流电压经过启动电阻 R1 和 R2 降压提供给 IC 的①脚一个较小的启动电压，此时该电压先向电容 C7 充电，直到 C7 两端的电压超过 IC 的启动电压时，该电压从 IC 的①脚输入并启动其内部电路，此时 IC 的⑤脚和⑦脚输出控制信号驱动场效应管 VT1 和 VT2 交替导通工作，由 VT1、VT2、L2、C6 和 C5 构成的振荡电路开始起振，并在电容 C6 的两端产生高压为 EL 中的灯丝进行预热。与此同时，反馈到 IC 的⑥脚另一路信号经电容 C9 和二极管 VD1、VD2 组成的泵电源电路，使 IC 的 1 脚电压维持在约 15.5V 的正常电压，IC 的内部电路由启动阶段进入正常的工作状态。然后 C6 两端的电压上升至足够高时便点亮 EL，使其进入正常的工作状态。

专家提示

该电路中的电容 C5 主要用于保护荧光灯 EL，防止直流电对 EL 造成的损坏。电容 C8 的容量大小决定着 EL 的灯丝预热时间，通过调节电阻 R3 的阻值大小可改变振荡电路的振荡周期，进而控制加到灯管两端高压的大小。该电路主要应用于需要高压电源启动的荧光灯或其他用途的高压启动灯具中。

16 照明灯亮度遥控、触摸双调节电路的识读技巧

该电路如图 13-21 所示，控制电路部分采用触摸感应器和无线遥控器双渠道对照明灯 EL 的亮度进行调节，主要器件为集成电路 HF1095。

（1）电源工作原理。该电路工作时由 AC220V 市电提供工作电源，当开关 K 闭合后 AC220V 电压由 L、N 端子经熔断器和压敏电阻 RV 组成的电源保护电路之后被分成两路。其中一路为灯泡 EL 提供工作所需的交流电源；另一路则经电容 C1 和电阻 R1 组成的 RC 降压电路后被整流二极管 VD1~VD4F 进行桥式整流，再由电容 C2~C5 进行高、低频滤波和三端稳压集成电路 IC3 将其变成恒定的 5V 直流电压送至后级控制回路中。因为开关 K 刚闭合时电路处于工作前的预备状态，所以照明灯 EL 不亮。

（2）遥控器按钮 SB 被按下一次时的控制过程。当遥控器按钮 SB 被按下一次时，IC1 向遥控信号接收器 IC2 发射一个超高频的调制信号，由 IC2 内部电路将该信号进行解调处理之后经二极管 VD5 送至 IC4 的④脚，并经 IC4 内部电路对此信号进行运算，从⑧脚输出驱动信号解调经耦合电容 C10 触发 SCR 的导通，EL 被点亮。

（3）继续每按动遥控器按钮一次时的控制过程。若继续每按动一次 SB 时，则 IC4 的⑧脚将输不同的脉冲控制信号使 SCR 的导通角发生改变，EL 便由"微亮 - 中亮 - 最亮 - 熄灭"四挡循环。

同时若用感应器 M 操作该电路，每当用手触摸一次 M 时，人体感应信号便经电容 C8、C9 耦合至 IC4 的④脚，由其内部电路对接收到的信号进行运算，并从⑧脚输出驱动控制信号以改变 3CR 的导通角。

（4）连续触摸遥控器按钮时的控制过程。若连续触摸 M 时，则照明灯 EL 也按照"微亮 – 中亮 – 最亮 – 熄灭"的递进顺序进行 4 挡循环。

专家提示

该电路在安装时应注意以下几点：（1）感应器 M 与电路连接时，必须要串接两个或两个以上的信号耦合电容，以保证人体在操作感应器时的安全。（2）考虑到该电路的负荷能力，EL 的功率选取应不大于 200W 为宜。（3）电阻 R3 是 IC4 内部电路的外接电阻，改变 R3 的阻值可调节 IC4 内部电路的振荡频率。

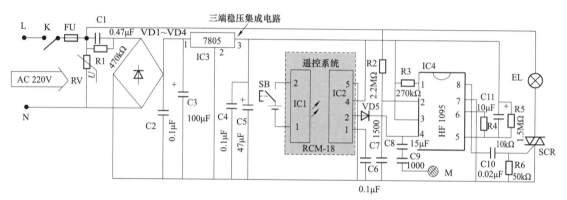

图 13-21　照明灯亮度遥控、触摸双调节电路